ざっくり
つかむ

CSS設計

Web制作の現場で知っておきたい、
CSSの扱い方、管理、運用の基本

高津戸 壮［著］

マイナビ

はじめに

　この本はCSS設計について書いた本である。CSSをどのように書いていったらよいかということに悩んでいる人にとって、何か参考になるところがあれば嬉しいと筆者は考えている。

CSSを書けるというのはどういうことなのか

　フロントエンドの開発に携わるのであれば、CSSについて触れないことはまずありえないであろう。しかし、どの程度CSSに深く関わるかと言うと、それは人それぞれだったりする。この本を執筆している2021年11月現在、筆者は社員十数名の、Webサイト／アプリケーションの実装を主業務とする株式会社ピクセルグリッドという会社に勤務している。

　ピクセルグリッドはフロントエンド周りの技術に特化していることを武器にしているのだが、CSSばかりを書いているメンバーというのはそう多くない。では、皆CSSが書けないのかと言うと、そういうわけでもない。プロパティについてある程度理解しているのに加え、どのようにCSSを書き、どのように書いたCSSを管理していくかということについて、ある程度の知識を持っている。

　改めて考えると、このCSSを書く能力というのは、どのように身についたものなのだろうかということが、よくわからなかった。なぜなら、そのような考え方について、まとまって解説されているものがないためである。CSSのリファレンスはたくさんある。どういうプロパティを使ったらどういう描画結果になるのか……。しかし、何を考え、何に気をつけてCSSを書き、そのように書いたCSSをどのように管理すればよいのかと言うのは、なかなかまとまっていない。

　そして、そのようなCSSを書く能力として、どのようなことを知っていたらよいのか、端的に示すのが難しいということに気付いた。例えば、このサイトに書いてあることを頭に入れておいてと、簡単に言い表せないのである。

　この人にCSSを書いてもらうと色々うまくいく。この人はCSSはそんなに書けないが、CSSを書いている人の気持ちを汲んで実装してくれる。そういう能力をどうやって得たのだろうか。乱暴に言ってしまえば、「それは経験だ」となってしまう。しかし、その経験で得た能力というのは、具体的にどのようなものだろうか。

　本書は、その「どのようにCSSを書き、どのように書いたCSSを管理していくか」という部分にフォーカスし、これをなんとなくでもわかってもらえることを目標として書いたものである。

想定する読者

　この本の読者として想定したのは、フロントまわりの実装を主業務とする会社に入ってきた、新しいメンバーである。新しいメンバーと言っても、すでに高いスキルを持っているような人物は想定していない。まだWebの技術にそこまで詳しくはなく、これから開発のスキルを高めていこうと考えているような人物を想定している。そのような人に対し、実務で覚えろ、経験だと丸投げするわけにはいかない。

　この能力というのは、前述したように、単純に何かを暗記したり、仕組みを理解するだけでは成り立たない部分がある。なので、とりあえず参考書としてこの本を読んでください、そう言って渡したい内容をまとめたのがこの本である。

● こういうことを知っていてくれたら、仕事を頼む側としてはすごい助かる
● こういうことを知っていたら、きっとあなたはCSS設計を行う役割として、周りと適切にコミュニケーションをとっていける

　そんな内容にしたいと考えた。

著者について

　著者である高津戸壮 (@Takazudo) は、先述の通り、株式会社ピクセルグリッドに属している。本書執筆時点では、約15年ほどWebサイト制作／アプリケーション開発の現場に身を置いている。その経歴の半分以上の時間を、HTML ／ CSS ／ JavaScriptのコーディングに費してきた。

　コーポレートサイトを中心とした多数のWebサイトのコーディングを行い、その後、JavaScriptを技術の土台に置いたWebアプリケーション開発を多数経験し、現在はディレクター的な役割として動いていることが多い。

　そんな著者は、実は、執筆時点では業務上、自分でCSSを書いていない。本書の企画アイデアが出たのも、もう何年前のことだっけ……というぐらいのスローペースで本書は書かれた。しかし、そのように年月が経っても、自分の持っている考え方は依然として重要であり、新しいメンバーが自分の会社に加わったら知っておいてほしい考え方であると考えたため、一冊の書籍として完成させることにした。

CSSをとりまく現状

　本書執筆時点で、CSSを取り巻く現状というのは、なかなかに複雑である。フロントエンドの開発は今、ReactやVue.jsといったコンポーネント指向のJavaScriptライブラリを使って設計されることが多くなっている。このようなライブラリを使うと、CSSをJavaScriptで処理できるため、実質なんでもアリ。今までよりも遥かに自由にCSSを扱うことができるようになっている。

　10年以上さかのぼれば、CSSを書くには、ただ単純にCSSのルールセットを並べていくしか方法がなかったようなものだが、時の流れとともに、本書で紹介するSassやPostCSSなどのツールが普及し、広く使われるようになった。それに加え、先に述べたReactやVue.jsなどでCSSを扱う方法も無数に登場してきたので、現在の開発では、HTMLにスタイルを当てるために取ることのできる選択肢が、実に多様に存在している状況になっている。

　ここで開発者達はCSSに悩まされるはずである。どうやったらCSSをうまく扱えるのか？何を使ったらよいのか？と。実際には、おそらく、なんとなく流行っているものを選んでしまっているのかもしれない。

　そういう時代において、要件に応じてどういう構成でCSSを書いたらよいのかという判断は、筆者としてはかなり難しいと考えている。CSSをどう書いたらいいか、どういうツールを選んだらよいのかという問題は、シンプルではないのだ。

　別に、1人でCSSを書いているのであれば、好きにすればよいと思う。どうしようと自由だが、チームで開発を行ったり、末永く、運用のコストを高めないようにサイトを運用していきたいのであれば、CSSをどういう風に書いたらよいのかという知識はかなり重要なものになる。

　本書では、そんな時代において、CSSに触れていく上で知っていてほしい内容をまとめた。

CONTENTS

CSSを書くということについて

まず、「CSSの書くのは難しいのか？」ということについて考えてみたい。

CSSを書くのは難しい？

読者のみなさんは、CSSを書くことは難しいと感じられるだろうか。
それとも簡単だと感じられるだろうか。

CSSを書くことの何が難しいのか？ と、改めて考えてみたのだが、それには以下のような要素があると筆者は考えた。

1. プロパティ自体の難しさ
2. セレクタの難しさ
3. HTMLとCSSの連携の難しさ
4. デザイナーと連携する難しさ
5. チーム開発の難しさ

これらがどういうことなのかをまずは説明しよう。

1. プロパティ自体の難しさ

まず、どういうプロパティを書いたら、どういう描画結果になるのかという理屈を理解するのが難しいというのがあるだろう。

CSSのプロパティは山のようにある。例えば以下のようなもの。

```
.example1 { font-size: 14px; }
.example2 { color: red; }
```

これは別に難しいと感じないのではないだろうか。読んでそのままの意味、文字サイズが14pxだし、色が赤。「あ〜はいそうですね」という感じである。しかしこういうのはどうだろうか。

```
.example1 { display: flex; }
.example2 { display: grid; }
.example3 { z-index: 3; }
```

　これらは、文字サイズや色を設定するのと比べると、だいぶややこしい。それぞれに込み入ったレイアウトの仕様があり、それが頭に入っていないと、思い通りの描画結果を得ることはできない。言ってみればパズルみたいな難しさがある。

　一度パズルの仕組みを覚えてしまえば、次に書くときにはこの難しさに立ち向かう時間は減るだろうが、少なくとも最初はこの理解に時間を要するはずである。CSSをさっさと書ける人というのは、このCSSパズルの知識が豊富な人である。

　これが1つ目の難しさ。

2.セレクタの難しさ

　仮に「すべてのCSSの仕様を把握したぞ！」となったとする。そう、何かしらのWebページを見たときに、それはどういうプロパティを使えば実現できるか、一瞬でわかってしまう能力を得たのだ。

　なんとも羨ましい話であるが、しかしそれだけでCSSは攻略できない。そのプロパティをどうやってHTMLの各要素に当てていくというのがまた難しい。セレクタの難しさがある。

　たとえばこの見出しの文字色を赤にしたい場合……

```
<h3 class="heading">Big news!</h3>
```

Big news!

　様々な書き方がある。このようにクラスセレクタを使うだろうか。

```
.heading { color: red; }
```

　それとも要素セレクタで十分だった？

```
h3 { color: red; }
```

　いや、この2つを合わせたほうがいいか？

```
h3.heading { color: red; }
```

それともこの要素はメインエリアの中にあるから、こう書いた方がいい？

```
#MainArea .heading { color: red; }
```

言ってみれば無限にパターンがある。

好きにしたらいいのでは？
　そうかもしれない。しかし、ここで何も考えないと、いずれ困ったことになる可能性がある。どういう風に困るのかは追って解説していくが、この、**どのようにセレクタを選んでCSSを書いていくのか**というのが難しい。

これが2つめの難しさ。

3.HTMLとCSSの連携の難しさ

HTMLとCSSには別々の役割がある。

- HTMLは文書構造を定義するもの
- CSSは見栄えを定義するもの

　HTMLでは文書構造を表現する。表示するコンテンツの内容を理解しつつ、それらをマークアップする要素を一つひとつ選んでいく必要がある。これに対しCSSでは見栄えを定義していく。ブラウザに表示される描画結果を想像しながら、その結果を得るためにはどのようなスタイルを各要素に当てればよいかを考える。

　CSSは、その他にアニメーションだったりインタラクションだったり、まとめるとプレゼンテーションを記述する役割だと言えるが、ややこしいので本書では単純に「見栄え」と呼んでいくことにする。さて、この役割分担のことは「関心の分離」とか呼ばれたりする。しかし、これってそんなに単純にいくか？　筆者はそうは思わない。

　HTMLとCSSはそれぞれ別物だが、密に連携させないと画面は完成しないので、この2つの関係を意識しながらコードを書いていく必要があり、ここに難しさを感じるかもしれない。**HTMLとCSSを連携させる難しさ**である。

　CSSの都合上、HTML側で要素を追加したり、構造を変えたりしなければならないこともある。関心の分離とは言っても、HTMLがどういう状態であっても、CSSだけを編集すればバッチリ実現したいことができると言うほどには、CSSは成熟していない。実際にコードを書くときは、HTMLとCSSを往復しながら、要素の数が足りなかったらdivやspanを追加したりすることもよくある。ここで実装者は、こんな風にレイアウト都合で要素を足したり引いたり、構成を変えることが、果たしてセマンティックなHTMLを書いていることになるのか悩むのである。

HTMLでは文書構造について悩み、CSSではパズルのような難しさやセレクタの書き方に悩む。この2つに同時に立ち向かう必要があるので、これを難しいと感じられる方も多いかもしれない。このように、HTMLとCSSを連携させる難しさがある。

これが3つ目の難しさ。

4.デザイナーと連携する難しさ

4つめの難しさは、**コミュニケーションの難しさ**。
これは主にデザイナーと連携する部分が大部分を占めるだろう。
一人でデザインから実装までやりきるパターンもあるが、ある程度以上の規模のプロジェクトになれば、デザインをする者、HTMLとCSSを書く者は別れているパターンが多い。そのように分業される体制では、デザイナーは、何かしらのソフトウェアで「デザインカンプ」と呼ばれる、HTMLとCSSを作る前段階の、端的に言うと「絵」を作り、これを実装者へ渡す。実装者はそのデータをもとにHTMLとCSSを書く形となることが多い。

ブラウザに表示される画面は、HTMLとCSSを書いて作る必要がある。そして、そのHTMLとCSSは、デザインカンプを元にして作るわけである。HTMLとCSSはコードであるが、デザインカンプは言ってみればただの絵である。同じUIが登場したら、コードとしては共通のものとして扱ったりなどということを考えるわけだが、デザインカンプとしてそのようなコード側の事情をどこまで考慮しているかはわからない。例えば以下は、Figmaというソフトで作られたデザインカンプの例である。

微妙に異なる似た色がたくさんあるがどうしたらよいか。角丸のパターンが何通りもあるがどうしたらよいか。場所により文字サイズがバラバラなのだがどうしたらよいか。一人でWebサイトを作っているなら、好きに決めればいい。しかし二人でやっているとそうはいかない。

1つのものを二人で作っているのだから当然といえば当然なのだが、デザイナーはHTMLとCSSでできることを理解しながらデザインを行う必要があり、コードを書く側は、デザイナーの考えを汲み取ったり確認したりしながらコードを書く必要がある。これは単純に技術的な知識があるだけではクリアできないところである。

デザイナーと連携する難しさ。これが4つ目の難しさ。

5.チーム開発の難しさ

デザイナーと連携するのは難しい。
でも開発者同士でうまく連携して実装を進めるのもだいぶ難しい。

例えば、1つのサイトを複数人の開発者で分担して実装するようなケースを想像してほしい。これをうまくこなすにはどうすればよいか。

画面ごとに担当を分けたらどうだろう。私はトップページと会社情報のコードを書くので、あなたは製品情報とニュースリリースを書いてねと。そういう風に分担を分けるのは一つの方法ではある。しかし、それらの画面には共通のUIがある。例えばボタンについて考えてみる。

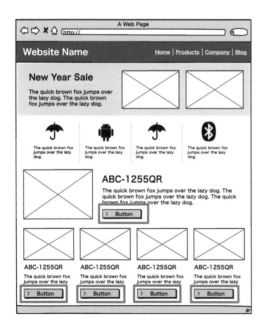
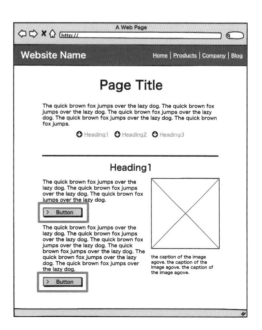

多くのデザイナーは、特別な理由がない限り、大した機能の違いがないボタンは、同じ見栄えでデザインするだろう。そうなると、画面ごとに分担をした場合、同じボタンを、それぞれの開発者が別のHTMLとCSSとして書いてしまうはずである。同じものが2度コーディングされた上に、それを表現するセレクタもまた異なってしまう。例えば以下のように。

実装者Aのコード

```
<a class="top-nav-button" href="#">Button</a>
```

```
.top-nav-button { ... }
```

実装者Bのコード

```
<div class="media-block">
  ...
  <a href="#">Button</a>
</div>
```

```
.media-block a { ... }
```

そういう風に書き方がバラけてしまって何が悪い？ まぁ、Webサイトを完成させるという目的を達成するためには、これが害であると感じられることはないかもしれない。

しかし、サイトが完成して運用しているときのことを想像してみてほしい。半年後にこのコードを見たら、「あれ？ ここってどうなってるの？」となるわけだ。

- 同じ見た目のUIなのにコードがバラバラ
- セレクタの選び方も自由

こうなると、後でボタンの色や形を調整したいときにどこをどういじればよいのか判断が難しい。何箇所も変更しなければならないかもしれない。もしくはその逆で、意図しない部分も変わってしまったりして困るかもしれない。そうするとどうだろう、ちょっとした変更を入れるために、2倍3倍の時間がかかる。このような差異はじわじわと運用コストに響いてくる。

CSSというのは単純な仕組みで、基本的なセレクタと、あとはプロパティを覚えれば、コードを書くこと自体はそんなにハードルの高いものではない。しかし、後から見たときにメンテナンスしやすい状態にしておくというのは、なかなか難しい。これは、プロジェクトの規模が大きくなればなるほど難しくなる。

「私は一人でいつも仕事をしているので関係ないよ」と思う方もいるかもしれないが、ある程度以上の規模のサイトであれば、この問題を無視するわけにはいかない。一緒にコードを書いていくためにはどうしたらいいのかを考えることのできる能力が必要になる。

　そんなこんなで、チーム開発は難しい。これが5つ目の難しさ。

この本でする話／しない話

こんな風に、CSSには様々な視点からの難しさがあると筆者は感じる。
CSSに悩む人は、この5つについて、まず切り分けて考えることをオススメしたい。

　そしてこの本は、この5つのうち、以下の3つの難しさに立ち向かう方法を書いたものである。

- セレクタの難しさ
- デザイナーと連携する難しさ
- チーム開発の難しさ

つまり、**以下について、この本では解説しない。**

- プロパティ自体の難しさ
- HTMLとCSSの連携の難しさ

なぜこの2つの話をしないのかについて補足しておく。

　まず「プロパティ自体の難しさ」について。これについて書いていくと、この本はCSSの仕様書のようになってしまう。そうなるとカバー範囲が広くなりすぎるのでやめた。よく使われる、便利なプロパティについてのみ解説するようにしてみようかとも考えたが、どのようなプロパティがよく使われるかというのは、時代により変化していくものだったりする。

　例えば要素のレイアウトを制御するには、CSSが普及しはじめた当初はfloatが主に使われていたが、その後はdisplay: tableを使ってテーブルレイアウトを、その次はflexbox、今はGrid Layoutと、ブラウザの対応状況によって選択肢が増え、身につけるべき知識も移り変わっていく。これらについては、この本以外を参照して身に付けていただきたい。

　実際、この本を書き出した頃に解説しようとしていたCSSのレイアウトのためのTipsが色々とあったが、書き出してから時間がだいぶ経ってしまい、それらは今や大して使われない知識となってしまった。なので、そういう内容は本書には含めないことにした。

「HTMLとCSSの連携の難しさ」については、本書では、CSS側についての話だけをする。HTMLの文法的は話は、それについて書いていくと、それはそれでまた別の本ができてしまう。この本のテーマは「何を考えてCSSを書いたらよいのか」というものであり、この話の中では、文書構造についての話が重要になる部分は特にない。

サンプルとして掲載しているコードについても、何か文書構造的な意味は特に解説しない。とりあえず本書の内容について、登場してくるHTMLの要素が気になったら、もう**全部divで書かれているぐらいの気分**で読んでもらえるとよい。筆者としては、そういう風に、HTMLとCSSを切り分けて考える脳みそも必要であると考える。

そんなわけで、この本を読むことで

- どういうセレクタでCSSを書いたらいいのか
- デザイナーと連携するにはどうしたらいいのか
- チーム開発する際にはどういうことを気にしたらよいのか

が、ちょっとでもわかってもらえると筆者としては嬉しい。

CSS設計

ということで、その「どういう風にCSSを書いたらいいか」を**CSS設計**と呼ぶことにし、これにフォーカスして書いたのが本書である。

CSS設計と言うと、CSSの仕様自体をどう作るかという風に聞こえなくもないが、本書ではそういう意味としては扱わない。この、「どういう風にCSSを書いたらいいか」というのは、英語でも「CSS architecture」という表現をよくされているのを見かけるので、本書でもCSS設計と呼ぶことにする。このCSS設計というのは、そういう、コードの書き方みたいなニュアンスの言葉で、人によっても若干認識の差異がある、ちょっとふわっとした言葉である。

CSSを書くことは、家を建てるのに似ているかもしれない。家を作るには、建材と道具があれば、素人でもなんとか形になるかもしれない。もちろん、道具の使い方を覚える必要はあるが、とりあえず日曜大工的に小さな小屋は頑張れば作れるのではないだろうか。これをCSSに置き換えて言えば、プロパティとセレクタを覚えていれば、なんとか画面は作れるだろうということだ。

しかし、住みやすかったり、今後の拡張性のことを考えて家を作るのは簡単なことではないだろう。一般的な住宅のことを考えれば、リフォームしようと試みたものの、ドアが取り外せなかったり、壊せない柱や壁だらけ。そもそも思っていたようなリフォームは無理ということもある。

劣化した水道管を交換しようとすると床を全部はがさなければならなかったり、風土に合わない木材を使っていたために、シロアリが発生したりする。そういうことが起こらないようにするためには、初めにちゃんとした設計が必要なわけだ。

CSSでもこれは同じで、いきあたりばったりで書けば苦しむことになる。**ある程度のプロパティとセレクタだけ覚えておけば、完成させることができてしまう**のもまたミソである。

そんなわけで、仕様だけ知っていれば何も問題なく美しいコードが書けるというわけではなかったりするのだ。ちゃんとCSSを書いていきたい者にとって、CSS設計とはどういうことなのか？を、本書とともに突き詰めて考えてみよう。

CSS設計がないと困ること

さて、ではCSS設計とやらについて書いていくわけだが、ちょっと待った。
「俺はCSSを書いているけど別に大して困っていないぞ」と。いや、そもそもそんな人はここまで読んで
いないかもしれないが……。
今回は、そういう考えの方に向けて、考えなしにCSSを書いていくとこんな風に困ったことになるぞと
いう話を書く。

とりあえず書いてみたCSS

　いくつかのプロパティを覚えて楽しい気分になってき
たAさん、「CSSって簡単だよね〜〜」と独り言を言い
つつ、今日コーディングするのはWebサイトのサイドバ
ー。

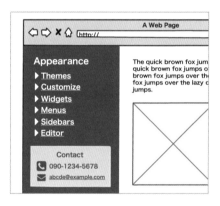

　idとかクラスを起点にスタイル当てるのを書けばいいんでしょ？　そんな風に以下のようなコードを
書いたのだった。

```
/* ナビ見出し */
.nav dt {
  color: white;
  background-color: black;
}

/* ナビアイテム */
.nav dd {
  ...
}
```

```
/* お問い合わせブロック */
.contact {
  color: black;
  background-color: gray;
}
```

ここで問題が発生。まずひとつは、見出し（.nav dt）に指定したcolor: whiteが全く効かないのだ。何か違うんだろうか……。いや、書いたCSS自体に文法的な間違いがあるわけではない。他のコードを探ってやっとたどり着いた原因が以下。

```
body #wrapper div dt {
  color: black;
}
```

前任者が別の所でこういうCSSを書いていたのであった。しかしこの部分、いじってもいいものだろうか……そもそもこれ、どういう意図で書いたものなのだろう……。前任者はもうプロジェクトを去り、Aさんには知りようがない。

よし！ ではこうしようと思いついた名案が以下。

```
.nav dt {
  color: white !important;
  background-color: black;
}
```

しかしこんな風に書いたコード、!importantを使ってしまってはもうこれ以上上書きはできない。このときに書いたCSSが原因で、このあとCSSを書くBさんが、同じように色が変えられない……と苦しむことをAさんは想像していなかった。

よしこれで実装を終えたと思ったAさんは気付いた。なぜかフッタにあったお問い合わせのブロックの背景がおかしくなっていることを。

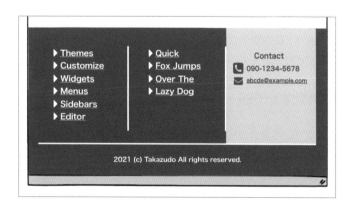

フッタのHTMLを見てみるとその要素にはclass="contact"の記述が。これはそう、Aさんの書いた以下のスタイルが当たってしまっていたのであった。

```
.contact {
  color: black;
  background-color: gray;
}
```

ただサイドバーのCSSを書いただけなのにどれほど苦労しなければならないのか？

……こんな風にCSSを書く者の時間はどんどんなくなっていくのである。

一人で開発していればこういうケースはそこまで無いかもしれない。しかしチームで開発する、長い間保守し続けるというケースにおいては、こういうことが地味に積み重なっていき、どんどんどんどんコードを書くのが辛くなっていき、疲弊し、**もうすべて作り直したい!!** という気分になっていくものである。これは珍しいことじゃない。ごく普通のことである。

端的に事実としてまとめると、**考えなしにCSSを書けば、CSSをいじるのに時間がかかるようになる**ということである。適当に書いたら運用のコストが高くなってしまうのだ。

CSSの仕組みはシンプルである。セレクタを書き、それに適用させたいスタイルを書くだけ。これでやりたいことは実現される。しかしそのシンプルさゆえに、それなりの規模のものを作るときには工夫が必要になってくる。

CSS設計方法論

じゃあどうやってCSSを書いたらよいのかな？
そんな疑問に対して、こう書いたらよいぞという考え方をまとめたものが世の中にはいくつもある。それらは**CSS設計方法論**（CSS methodology）と呼ばれる。CSS設計方法論を知っていると、このような問題を回避することができるかもしれない。

壊れやすいCSS

この「CSS設計方法論」という言葉が使われだしたのはおそらく2009年頃からだろう。 当時Yahoo!に在籍していたNicole Sullivan氏が発表した、Object Oriented CSS（OOCSS）というプレゼンテーションの中で語られている考え方が、CSS設計の方法として、よく知られることになった初めての内容かもしれない。

Object Oriented CSS
https://www.slideshare.net/stubbornella/object-oriented-css

とりあえず筆者にとって、まとまったCSS設計との出会いはこれだった。

Nicole Sullivan氏はプレゼンテーションの中で、自身がどのようにプロジェクトの中でCSSを書き、何をどう改善したのかを発表した。その中で彼女は言った。「CSS is too fragile」CSSは壊れやすすぎると。書いたCSSを壊さないようにするには、積み木をそーっとそーっと積み上げていくのにも似た慎重さが求められると。

このOOCSS以降、CSS設計方法論はいくつも生み出されてきて現在に至るわけなのだが、これらの考え方は、CSSという積み木をそーっと積み上げるためのやりかたを教えてくれるものである。

ここから先に進む前にまず認識しておかなければならないのは、この「**CSSは壊れやすいもの**」という視点だ。先程挙げた例はまさに、何も考えず積み木を積んで、あっという間に壊れてしまいそうなお城を作ったようなものだ。壊れやすいCSSをどう書いていくかという視点が必要なのだ。

CSS設計方法論を知ると何が嬉しい？

よし、ではCSS設計方法論を学ぼう！となるわけだが、ここで気をつけなければならないのは、**何かしらのCSS設計方法論を知ったところで、それですべての問題がたちどころに解決するわけではない**ということだ。

考え方は頭に入っていても、それをプロジェクトにどう適用するかはまた別の話。しかしながら、ちゃんとCSSを書いていきたいという気持ちがあるのであれば、筆者としてはCSS設計方法論に触れてみることをオススメする。そこには同じようにCSSの書き方に悩んできた先人の知恵がある。

CSS設計方法論は、チーム開発を円滑に行うためにも必要なものだ。「私はこう考えて書く」「あなたはこう考えて書く」これがバラバラだと、それはそれはバリエーション豊かなCSSが完成してしまうだろう。ここで共通言語となるのがCSS設計方法論なのだ。この土台となる考え方が統一されているだけでも、だいぶ設計の助けとなるだろう。

それに、CSS設計方法論を知っておけば、他人のコードを読む際に、その人が何を考えてそのコードを書いたのか、その気持ちが汲み取りやすくなるだろう。CSS設計方法論は、うまくCSSを書いていくためのヒントが詰まっている。

CSSをメインで書かない人も知っておきたい

　CSS設計方法論を知ることは、普段メインでHTMLとCSSを書いていない人にも重要だと筆者は考える。

　HTMLとCSSを書くという工程の前には、デザインや設計という工程がある。別にデザイナーに、CSSのことを1から10まで知っておいてくれとは思わない。しかし、この本で次回以降書いていくような内容のことを、**デザイナーが少しでも知ってくれていたら、コミュニケーションは遥かに楽だった**はず。仕事でHTMLとCSSに関わっていれば、そう思うことはよくある。だから筆者としては、デザイナーにもある程度CSSのことを理解しておいてほしいと思う。

　HTMLとCSSを書くという工程の後ろを見てみれば、何かしらのCMSに書いたHTMLを組み込んだり、JavaScriptでWebアプリケーションを作ったりなどすることも多い。そのような工程の実装を行う人にとっても、CSS設計のノウハウは、頭に入れておいたほうがよい内容だと筆者は考える。

　渡されたHTMLとCSSをCMSに組み込んだ後、何か変更をしたいと思ったとする。このとき、ちょっとCSSを書き換えるだけで済むか否かは、このCSS設計の出来栄えにかかっている。なので、自分で書かずとも、とりあえず書かれたHTMLとCSSが何を考えて書かれたものかを判断できる力を持っておくことは、結果的に自分を助けることになるだろうと筆者は考える。

●

　そんなわけで、次回からはそのCSS設計方法論を具体的に解説していく。

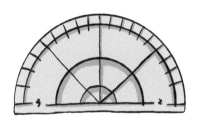

とりあえずBEM

よし、CSS設計は大事なんだね。では早速CSS設計とやらを見ていこうとなるわけだが、まず最初のステップとして紹介したいのは、BEMである。
今回は、BEMとはなんぞやということをざっくり解説する。

BEMとは

BEMとは以下の3単語の頭文字であり、「ベム」と発音されている。

- Block
- Element
- Modifier

BEMの内容は公式サイトに詳しく解説されている。
この本を読んでなお、詳しく知りたければぜひ参照されたい。

BEM
https://en.bem.info/

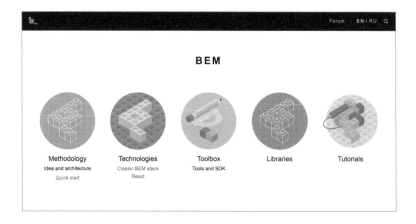

BEMとは何か？　一言でいうと「コンポーネントベースでサイトを設計するための方法論」と表現して間違いないと思う。

コンポーネントって何？

コンポーネントとは何か？　普段からプログラムなんかを書いている人でないと、そこまで馴染みのない言葉かもしれない。このコンポーネントという言葉、直訳すると「構成要素」となる。しかし「構成要素」などと言われても、そんな曖昧な説明ではわかりっこない。なのでちょっと例え話をする。

例えば、以下のような写真を絵に描くとする。

テーブルの上には食べ物がたくさんある。パンに玉ねぎにアボカドにパセリ、トマト、にんにく、チーズ……。これらを描くとき、「**全部を一気に描くのではなく、一つずつ描いていき、それらを組み合わせる**」というのが、コンポーネントと言う考え方に近い。

そのように書いた場合、それぞれの要素のことを「**コンポーネント**」と呼ぶ。「チーズ」「にんにく」「トマト」「セロリ」とかいう単位。この絵を構成している要素がコンポーネントという感じに。これら一つずつを描いていけば、最終的に絵はできあがる。構成する要素なので構成要素。この言葉の意味もなんとなく想像できるだろうか。

ざっくり言うと、これがコンポーネントという考え方である。
ここでミソなのが、こういう、自分でやりやすいように分けた単位を「コンポーネント」って呼んで

いるだけというところである。「コンポーネント」って言葉は正直、みんな適当に使っている。「モジュール」だとか「部品」だとか「パーツ」とか、色々な呼ばれ方をしている。

　さて、BEMの話に戻るが、BEMというのは、このコンポーネントによる設計を、HTMLとCSSでうまーくやる方法なのだ。

なぜBEMか

　そんなコンポーネントをうまくやってくれるBEMなのだが、BEMについて突っ込んで解説していく前にまず、なぜBEMをまず初めに紹介するかについて軽く触れておく。

　CSS設計方法論はいくつもある中で、なぜBEMかということだ。

高い知名度と信頼性

　まず、**BEMは超有名**なのである。
　CSSをどう設計していくかという考え方の中で、一番広まったのはBEMであったと思う。これは間違いない。

　前回紹介したObject Oriented CSS（OOCSS）や、この本の中でも触れるSMACSSなども、高い知名度を得たが、たぶんその内容について詳しく知っているのは、CSSを突っ込んで書いている開発者に限られそうというのが、筆者の感じる印象だ。

　これに対してBEMは、おそらくHTMLとCSSを突っ込んで書いていない人でも、なんとなく内容を知っている。そして、HTMLとCSSを書いている人にとっては、覚えておかなければならない基礎的な知識となるまでに広まったと言ってしまっていいと思う。Webサイト制作や、開発を教えている専門学校なんかでも教えるべきなんじゃないだろうか。

　The State Of CSSというWebサイトがある。このWebサイトでは、多数の開発者にアンケートを取った結果をまとめており、CSS関連技術のトレンド動向をなんとなく知ることができる。2020年度はおおよそ1万人近くの回答が集まっているようで、その結果を見ると、知名度と使用率の両方において、2020年度も2019年度もBEMが1位である。

　The State of CSS 2020: Methodologies
　https://2020.stateofcss.com/en-US/technologies/methodologies/

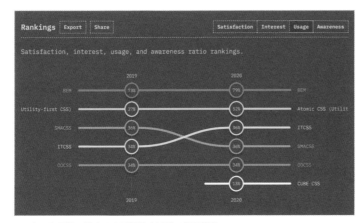

アンケート母数に対するCSS設計方法論の使用割合

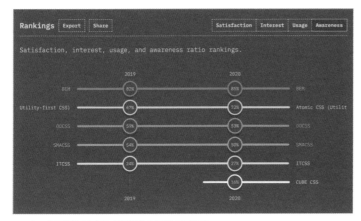

アンケート母数に対するCSS設計方法論の認知度

さらに、回答者のうちの約半数が「Would use again（また使う）」と回答しているのは興味深い。

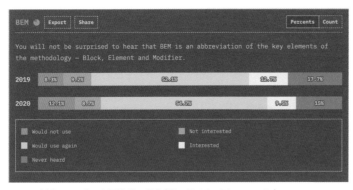

BEMに対するアンケート回答者の印象（濃い緑：Would use again）

　他の候補を見てみると、いずれも「Would use again」の割合が3割以下になっていた。これらと比較すると、BEMの5割超えというのは、高い割合であることがわかる。こんな風に、BEMは多くの開発者から評価され、支持を得ている。

　そんなわけで、BEMをオススメする理由の一つめは、有名だからであり、評価もされているからである。せっかく学ぶのなら、評価が高くて実務的にも使えるやつを選ぼうではないか。

しっかりした実装のルール

　2つめの理由は、**実装のルールがしっかりしている**からである。

　多くのCSS設計方法論やCSSのフレームワーク、Webアプリケーションを作るためのJavaScriptライブラリ、フレームワークは、BEM同様、前述した「コンポーネント」という考え方で設計するようになっているものが多い。

　別にBEMがはじめて「コンポーネント」という考え方を持ち出したわけではないし、他のCSS設計方法論でも大体、コンポーネントの考え方を基本としていたりする。ただ、それを概念だけに留めるのではなく、実装の方法にしっかりとルールを敷いているのが、BEMの特徴と言えると筆者は考える。

　例えば前回紹介したOOCSSなんかは、考え方は提示されているものの、実際にどういう風に書くのかというところについては、ごく単純なサンプルが提示されているのに近い形となっている。なので、OOCSSの捉え方は人によって差があるというのが筆者の感覚だ。OOCSSが発表された当時、筆者は傾倒して色々読んだりしたが、想像で補う部分が多いと感じる。「OOCSSでCSS書いておいて〜」とはちょっと頼めない。そんな風に頼んでも、こっちが思い描いているコードは出来上がってこないと予想される。

　これに対してBEMは、

- こういう場合にはこういうクラス名を付ける
- こういう風に書いてはダメ

　そんなルールが、だいぶしっかり決められているのである。BEMについて知っている人達の、設計に関する認識は大きく異ならない。「BEMで書いておいて〜」と頼んだら、たぶん大体みんな同じ感じで作ってくれることが期待できるのである。

　そんな風に、概念だけにとどまらず、しっかり実装面についても決めてくれているのがBEMなので、はじめに触るCSS設計方法論としてはよい選択肢であると思う。BEMを学んでおけば、他のJavaScriptライブラリだったり、CSS設計方法論を学ぶ際にも、BEMと似たような考え方なんだと感じられることがあるハズである。

BEMの概要をざっくり紹介

　それでは、まぁそのBEMをココからは解説していくわけであるが、コードとしてはこんな感じというのをまずは軽く紹介しておく。

BEMでHTMLとCSSを書いてみる

こういうUIがあったとする。

ABC-1255QR

The quick brown fox jumps over the lazy dog. The quick brown fox jumps over the lazy dog. The quick brown fox jumps over the lazy dog.

 Link

このUIを表現するため、以下のようなHTMLを書く。

```
<div>
  <img src="..." alt="" />
  <div>
    <h2>ABC-1255QR</h2>
    <p>The quick brown fox jumps over the lazy dog...</p>
    <ul>
      <li><a href="#">Link</a></li>
    </ul>
  </div>
</div>
```

　さて、このHTMLにどうやってスタイルを当てていこうかと考えるわけだが、ここからがBEMとなる。BEM的には以下のようなクラスを指定する。

```
<div class="product-nav">
  <img class="product-nav__img" src="..." alt="" />
  <div class="product-nav__text">
    <h2 class="product-nav__product-name">ABC-1255QR</h2>
    <p class="product-nav__description">
      The quick brown fox jumps over the lazy dog...
    </p>
    <ul class="product-nav__nav-list">
      <li class="product-nav__nav-list-item"><a href="#">Link</a></li>
    </ul>
  </div>
</div>
```

そして CSS は以下のような形で書く。

細かいスタイルは割愛するが、いま各要素に当てたクラスを用い、**クラスセレクタ**でスタイルを当てていく。

```
.product-nav { ... }
.product-nav__img { ... }
.product-nav__text { ... }
.product-nav__product-name { ... }
.product-nav__description { ... }
.product-nav__nav-list { ... }
.product-nav__nav-list-item { ... }
```

この HTML と CSS のセットをひとつの Block であると考える。

Block = コンポーネントである。BEM ではこの UI のまとまりを、Block と言う名前で呼ぶのだ。

画面は Block の集まり

画面は Block の集合で構成される。さっきの絵の例と同じだ。

例えば以下のような画面があったら、

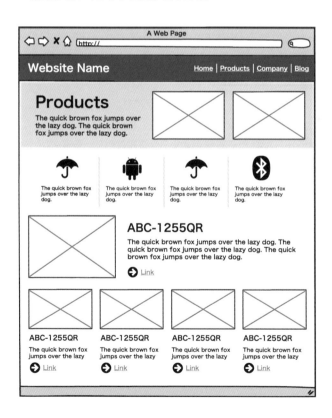

こういうBlockの集まりでできていると考える。

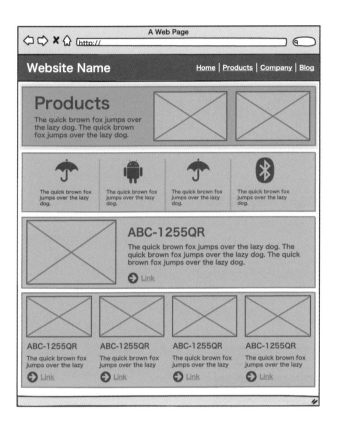

　上記赤枠で囲んだ部分それぞれが独立したBlock。
　これらBlockそれぞれにつき、先程のようなHTMLとCSSを用意する。こんな風に、画面というものはBlockの集まりとして作るというのが、BEMの基本的な考え方。

●

　BEMには、Blockのほかにも、**Element**や**Modifier**という概念がある。
　次回以降、Block、Element、Modifierと、それぞれについて突っ込んで見ていこう。

HTMLとCSSだけじゃないBEM

BEMと言われて皆が思い浮かべるのは、HTML／CSSを書く方法論である。書いたHTMLにこんな風にクラスを付けて、CSSはこんな風に書く。画面の内容をBlockに分けて……というのが、おおよそほとんどの人が思い描くBEMなはずだ。

しかし本当はBEMはもうちょっと広い概念だったりする。JavaScriptからどういう風にBlockを操作するべきか、ファイル構造はどうすべきかといったような決まりもある。そんなBEMルールに従ってWebアプリケーションを構築するためのJavaScriptライブラリも存在している。BEMは別にHTMLとCSSに限定した考え方ではなくて、コンポーネント化を包括的に行う考え方であり、その実装も用意されていることが、BEMのWebサイトを見るとわかる。

そんなBEMであるが、端的に言うと、HTMLとCSS以外の部分については流行らなかった。筆者もBEMの用意したJavaScriptライブラリを使ったことはない。本書でも後で少しだけ触れるが、BEMのようなコンポーネントベースの考え方で設計するライブラリとしては、ReactやVue.jsが広く使われるようになり、トレンドになったと言える。ReactやVue.jsを使っているという開発者は多数いるのに対し、BEMのライブラリでWebアプリケーションを作っているという人はほとんどいないと思われる。少なくとも筆者の周りでそれを使っているという人を聞いたことがない。実際に仕事でBEMのライブラリが活躍する機会というのもほぼないだろう。

そんな風に、BEMは本当はもうちょっと広い概念ではあるのだが、おおよそほとんど人はHTMLとCSSを書くための方法論であるという認識で話をしているし、そういう認識でいてだいたい間違いはない。BEMはそれだけ、HTMLとCSSを書く方法論として多くの開発者の心をつかみ、知名度を得たと言えるかもしれない。

BEMのB ＝ Block

今回はまず BEM の B、Block について見ていこう。

Blockに分けた例

前回も Block はこんなものという話を少ししたが、よく見る Web サイトを BEM 的に考えるとどう見えるのかをちょっと見てみよう。

Amazonの例

例えば以下は Amazon のトップページである。

Amazon
https://www.amazon.co.jp

別にAmazonはBEMベースで作られてはいないだろうが、BEM的に考えるとこの画面はこういう風にBlockに分けるかもしれない。

この枠で囲んだまとまりの一つ一つがBlockである。

東京都のサイトの例

今度は東京都のサイトを見てみる。

東京都公式ホームページ
https://www.metro.tokyo.lg.jp

これも同じようにBEM的に考えたとすると……

こういう感じで分解できる。

こんな風に、**画面を構成する要素を、ちょうどよい大きさで切り出したのがBlock**である。前回例え話をしたように、画面が絵なら、このBlock一つ一つがリンゴやら皿である。

Blockって何？

なるほど、なんとなくBlockがわかった気分になってきただろうか。

ただ、このBlockとは何か？ を一言で言い表すのはなかなか難しい。「ちょうどよい大きさで切り出した」と言われても、それってどういうことよ？ と思うのではないだろうか。

どっちの切り方が適切？

例えば先程出て来た東京都のWebサイトにて、こういう感じと言って切り出した右の新着情報Blockだが、

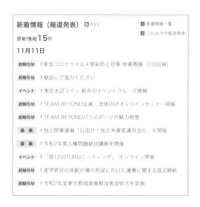

これは、すぐ隣りにあるUIと合わせて、以下のようなBlockとして考えてはダメなのだろうか？

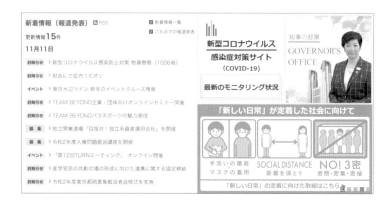

どっちが適切というのを、どのように判断すればよいのだろうか？

Blockの定義

Blockの定義。これは、BEMの公式サイトではこうある。

「**A logically and functionally independent page component**」

「論理的／機能的に独立したページコンポーネント」とでも訳すのだろうか。なるほど？　わかったようなわからないような……。ここで前回話した「コンポーネント」について思い出してほしい。**「自分でやりやすいように分けた単位を「コンポーネント」って呼んでいるだけというところである」**と書いた。

　前回は、絵を描くために、「パン」「玉ねぎ」「アボカド」という風に分けて一つずつ描くという話をしたが、別にこれは、やりやすいように自分で考えたまとまりにすぎない。自分が描きやすければ「パンと玉ねぎ」「アボカド」という分け方でも別によい。

　BEMの話に戻るが、**Blockは、ページを構成する部品であるということ。残念ながらただそれだけ**だ。「論理的／機能的に独立した」と言われているが、それもまた曖昧な表現である。ただ画面をBlockの集まりだと考えて設計すると色々うまくいくぞ。そういう考え方がBEMなのだ。

　つまるところ、ちょうどよい大きさの基準なんてものはない。それは自分で決めるもので、HTMLとCSSを書く時点で決定しなければならない。CSS設計の方法論として提供できるのは考え方と実装方法だけで、どう設計するかはあなた次第という感じである。

　話を東京都のサイト新着情報部分に戻すが、これはつまり、**どっちの切り方でもいいのである。**

なるほど？ ではどうやってBlockを考えよう

どういう風にBlockを考えればいいのかには正解がない。自分が選んだBlockの大きさが、運用されたり他の人が触ったりしたとき、これはいい感じの大きさだねっていう風に評価されるものかもしれない。ただ、そんな風にノーヒントでは考えようがないので、一応こういう風に決めるヒントがあるかなというのを考えてみた。

ちなみに、コンポーネントがどのくらいの大きさなのかを表現するために、今後「粒度」という言葉を使っていく。「粒度」と言うのは、構成要素の粗さ、大きさを表現することで、「このBlockは適切な粒度だ」みたいな風に使う。

自分でUIを考えている場合

自分でWebサイトのデザインをし、HTMLとCSSも書いている場合は、どういう単位でそのUIを繰り返すか、再利用するかをまずは考えるとわかりやすい。というか、どういう風にそのUIを使い回すのかを決めながら考えればいい。

例えばこういうのはどうだろう。画像とキャプションの横にテキストがある。

これ、色んな所で繰り返し使えるパターンだなーと思ったらこれをBlockにしたらいい。

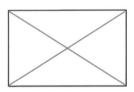

あとは、「よくある質問」として使われる、Q&AのUI。

このセットは繰り返して使いそうだ。じゃあこれがひとつのBlockだ。

あとは表とキャプションのセットとか。

これもセットで使うつもりである。じゃあこれもひとつのBlockってことで。

Name (job title)		Age	Nickname	Employee	
Giacomo Guilizzoni Founder & CEO		40	Peldi	◉	
Marco Botton Tuttofare		38		☑	
Mariah Maclachlan Better Half		41	Patata	☐	
Valerie Liberty Head Chef		:)	Val	☑	

The quick brown fox jumps over the lazy dog. The quick brown fox jumps over the lazy dog. The quick brown fox jumps over the lazy dog. The quick brown fox jumps over the lazy dog.

「これは他でも使うなー」とか「これは繰り返して使おう」と思ったらそれをBlockにする。「機能的に独立している」というBEMが言う定義も少しヒントになる。Q&AならQuestionとAnswerのセットで一つの機能、表とキャプションであれば、キャプションは表の補足情報なので、この組み合わせで完結する一つの機能と捉えることができる。

BEMのまだBの部分しか説明しないので、そんなものなのかなというぐらいの感想しか持てないだろうが、自分でWebサイトを設計している場合には、**どのような粒度でBlockを考えようと、基本的には自由**である。

自分でUIを考えたわけではない場合

デザイナーとHTML／CSSを書く人が分かれているというケースはよくある。というより、それなりの規模のWebサイトやWebアプリだと、この二者は分かれているケースの方が多いのではなかろうか。

この場合にどうやってBlockを切っていくかというのは、作業の流れ的に、HTMLとCSSを書く者が決定権を持つことになる。そんな場合で何をBlockにするか悩んだ場合は、デザイナーと相談することをオススメする。

例えばこんな例はどうだろう。さっきのQ&A Blockであるが、よく見るとAの次に画像とリンクが並んでいる。

 The quick brown fox jumps over the lazy dog. The quick brown fox jumps over the lazy dog. The quick brown fox jumps over the lazy dog. The quick brown fox jumps over the lazy dog.

 The quick brown fox jumps over the lazy dog. The quick brown fox jumps over the lazy dog. The quick brown fox jumps over the lazy dog. The quick brown fox jumps over the lazy dog. The quick brown fox jumps over the lazy dog. The quick brown fox jumps over the lazy dog. The quick brown fox jumps over the lazy dog. The quick brown fox jumps over the lazy dog.

▶ AX2234: specification
▶ AX2235: specification
▶ AX2236: specification

ここでHTML／CSSを書く者は、デザインカンプを見て少し悩む。この画像とリンクは、それぞれ別のBlockにしたほうがいいのか、それとも、Q&A Blockの一部なのかと。

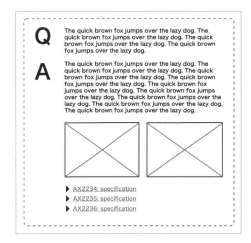
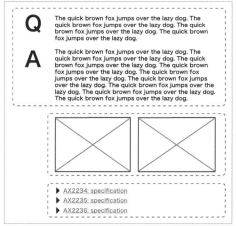

こういう場合はデザイナーと相談する。この画像とリンクってどういう意図かと。

相談してみたところ、デザイナーは、Q&AのAnswerの内容として、画像や参考となるリンクを置きたいので、このようなデザインにしたということだった。そういうわけならば、この画像とリンクはQ&A Blockの一部として扱おう。その方がわかりやすそうだ。

しかし、もしかしたらこの画像とリンクはそのように、Answerの一部として考えて置かれたものではないかもしれない。デザインカンプ上、たまたまQ&Aの次に置いただけで、これはAnswerの一部ではなくて、記事ページの中で使うつもりであったと。

もしそうであれば、これはそれぞれ単独のBlockとして考えたほうがよさそうだ。その場合は紛らわしいからQ&Aの次に置かないでほしいと突っ込みたくはあるが……。

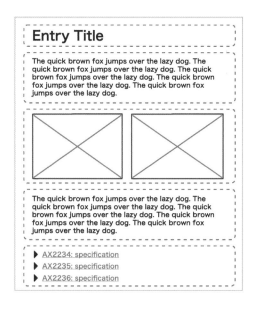

デザイナーが必ずしもBEM的な、コンポーネントの考えに準じて画面をデザインしているとは限らない。もちろん出来上がるのはWebサイトであり、その完成のためにはHTMLとCSSを書くというステップが必須で、ここで適用される設計の概念を理解するということは、デザインを行う上でも重要ではあるのだけれども。

なので、こういう風に分業されているケースでBlockの切り方に悩んだら、HTMLとCSS的にはどういう風に考えて設計しているということを伝えつつ、一緒にBlockの切り方について悩んでもらうことをオススメする。HTMLとCSSを書く人が考えていたBlockのまとまりと、デザイナーが考えるUIの粒度が異なるかもしれない。そういう意識の違いを放置したままコードを書いてしまうと、後々の運用のしやすさに影響してくる。

後工程を考える

Blockの粒度を考える上で、後工程のことを考えるというのも一つ重要な要素であると筆者は考える。

HTMLとCSSを書いた後の工程として、CMSやECのパッケージに書いたHTMLを組み込むということはよくあることだ。作りたいものはECサイトで、HTML／CSSのコーディングをまずは行い、その後にPHPで作られたECのパッケージに組み込むとする。

ECのパッケージでは、画面を構成する要素を分割して管理する仕組みになっていた。例えば以下は支払い情報の入力画面で、この画面は、以下の赤枠で示す「ヘッダ」「支払情報入力フォーム」「合計金額表示欄」が、それぞれ、別のテンプレートのファイルにて管理できるように作られていたとする。

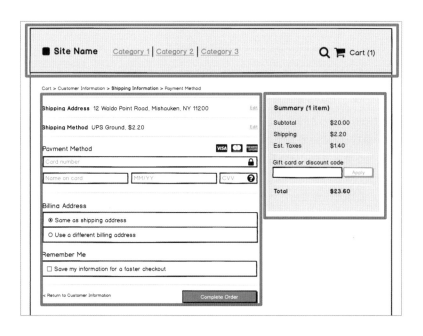

「ヘッダ」「合計金額表示欄」はそれぞれ複数の画面で共有されるコンポーネントで、「支払情報入力フォーム」はこの画面固有のコンポーネントという具合に。

そんな風に分かれていることがあらかじめわかっているのであれば、それに合わせてBlockの単位を決めるも一つの手である。PHPのファイルを見たとき、このファイルの中に書いてあるHTMLは、HTML／CSSの設計上も一つのものとして扱っているということがわかると、後で何か更新する場合にわかりやすい。

CSSのコード量を考える

Blockを考えるときには、そのBlockを表現するCSSの量にも気をつけるとよいかもしれない。

例えば先程の東京都のWebサイトを例として挙げた際、別にこういうBlockでもよいのではないかと書いた。左側の新着情報だけにするのではなく、横にある画像も含めたBlockにするという具合に。

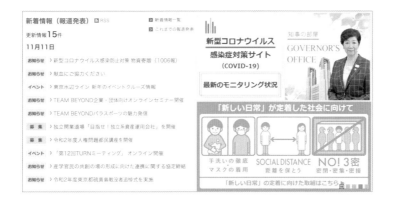

BEM的には、一つのBlockを表現するCSSを、ひとまとめにして管理する。このとき、Blockの大きさが大きければ大きいほど、そのBlockを表現するCSSの量は増えることになる。この例の場合、左側の新着情報だけを一つのBlockとしたほうが、そのBlockを表現するためのCSSの量はコンパクトになる。その量が結構な分量になることが想定されるのであれば、複雑になりすぎないように、右側は別のBlockとして扱うと言う考え方もアリである。

Blockの定義は、「論理的／機能的に独立したページコンポーネント」ということだった。繰り返しになるが、これは随分とふわっとしていて、明確になにか判断基準があるわけでもない。極端なことを言うと、画面すべてを一つのBlockとして考えることだって可能だ。しかし、そんな大きなBlockにしたら、当然膨大な量のCSSでそのBlockを表すことになる。

まぁこのあたりは、まだ一切コードを書いていないので、Element、Modifierと見ていかないとちょっと想像がつきづらいところであるとは思うが、Blockの粒度を考える際、そのBlockを表現するの

に必要なCSSの量というのも、一つの判断基準になる。あまり大きなBlockになってしまうと、複雑すぎて辛くなってくるので、そういった場合にはBlockを分けることを検討したりするとよいということを、頭の片隅にでも入れておいてもらえればと思う。

Blockの書き方

ここまでで、Blockの理屈を延々と書いてきたが、具体的にどういうふうにHTML／CSSを書くかという話に移ろう。

BEMでは、**クラス名**がとても重要である。BEMには独特なクラス名の命名ルールがあり、これに基づくことで、BEMで表現したい構造をクラス名を見るだけで理解できるという特徴がある。

例えば以下のようなHTMLがあったとする。

```
<div class="contact">...</div>
```

この要素に対し、どこでどんな風に書いたCSSでスタイルが当てられているのだろう。それはこのHTMLだけを見てもわからない。例えば以下のようにスタイルが当てられているかもしれない。

```
/* 純粋にクラスセレクタが使われている */
.contact { ... }
/* サイドバーの中にあると言う文脈の中で使われている */
#sidebar .contact { ... }
/* 何かしらの要素の配下にある前提で使われている */
.column > .contact { ... }
```

こんな風に、どこでどんな風にスタイルが設定されているか、すべてのCSSファイルを見なければわからないというのは、CSSを編集するときの悩みのタネである。

しかし、BEMのルールに基づいてHTML／CSSが書かれているのであれば、どういうコンポーネントのまとまりで、どんな風にスタイルが当てられているのかが、ほとんど確定する。ではどのような命名ルールなのか？ これは全く難しいことはない。ただ、**そのBlockを示す一番外の要素へ、そのBlockの名称を示す文字列を、クラス名として指定する**だけである。

今回出てきた例の名前を考えてみると、例えば以下のようになる。

新着情報

　ニュースを表示するカラムなのでnews-columnと名付けるとする。すると、このUIを表現するHTMLの一番外側の要素へは、以下のようにそのクラスを指定する。

```
<div class="news-column">...</div>
```

画像ブロック

　右に画像を配置し、左側にテキストなどが入る。このレイアウトはCSS設計の世界ではよく登場する例で、ごくごく汎用的な名前としてmediaオブジェクトなどと呼ばれることが多い。ここではmedia-blockという名前にしたとすると、以下のようになる。

```
<div class="media-block">...</div>
```

　もしくは、これは何かしらの商品を紹介するために使うとわかっているのであれば、product-infoという名前を付け、以下のようにしてもよいかもしれない。

```
<div class="product-info"></div>
```

Q&A

　これはまぁこれ以外の用途では使わないでしょうということで、q-and-aと名付けたとすると以下。

```
<div class="q-and-a">...</div>
```

表

　表なので table でもよいけど、見出しとキャプション
もセットになっているので、table-block だとか table-
set だとか……。

```
<div class="table-set">...</div>
```

　もしくは、これは従業員のデータを表示するためのも
ので、employee-table なんかでもよいかもしれない。

```
<div class="employee-table">...</div>
```

　……とまぁいくつか例を紹介してみたが、とりあえず今は細かいことは気にせず、Block 名を一番
外側の要素に指定するとだけ覚えてもらえばよい。ただし、ここで_（アンダースコア）を使わないこと
を基本的なルールとしてほしい。これが何故かは追って解説する。

CSSの書き方

　そしてCSSだが、これもまた単純。今指定したクラスを使ったクラスセレクタにてスタイルを当てる。
最後の例だと以下のような感じである。

```
.employee-table { ... }
```

　とは言っても、現段階ではまだ、一番外側の要素に対するスタイルはこのように当てるというだけ
であり、中身にスタイルを当てていかなければ話にならない。

　ここまででの流れを見てきてわかったかもしれないが、兎にも角にも、BEMではまず、**Blockに名
前をつける**ということが初めの一歩であることを覚えておいていただきたい。

●

　では、Blockの中身についてはどう考えていけばいいのか。
　このあたりを引き続き、次回のElementの方で見ていくことにする。

BEMのE = Element

今回はBEMのE、Elementについて見ていく。

Elementって何？

Elementを辞書で引くとこういう意味だという。

- 要素
- 部分
- 成分

コンポーネントのときと同様、やっぱりよくわからない……。
BEMの公式サイトでは、Elementの定義は以下であると書かれている。

「**A composite part of block that can't be used separately from it**」

「ブロックの構成要素であり、切り離して使うことのできないもの」みたいな感じである。Element
については、別にそんなに難しく考える必要はない。とりあえず、**Blockの中にあるあらゆる要素は
Element**である。そして、**それをどこか別のBlockの中で使ったりするのはNG**。ひとまずこう覚えて
おくとよい。

　例えば前回登場したQ&Aのブロックであるが、一番外側には、そのBlock名のクラスをつけるとい
うことであった。当然、中身を色んな要素でマークアップするわけである。

　例えば以下のような感じに。

```
<dl class="q-and-a">
  <dt><abbr title="Question">Q</abbr> The quick brown fox...</dt>
  <dd><abbr title="Answer">A</abbr> The quick brown fox...</dd>
</dl>
```

この場合、中にある要素それぞれがElementである。枠で囲んでみるとこうなる。

　ん？　これってただ要素を赤枠で囲んだだけですよね？
　と言われれば、まぁそうですねとなる。Elementについては別に難しいことはない。画面を構成する要素をいい感じの大きさで分けるとうまくいくぞ。そしてその一つ一つをBlockと呼ぼうというのが前回解説したことだが、その**Blockを構成する要素はすべてElement**と呼んで管理しようというのがBEMの考え方である。

Elementの書き方

　Block同様、HTMLとCSSの書き方について見ていこう。

　ElementにはBlock同様、それぞれに名前を付けてやる。Q&Aの例であれば、例えば以下のような名前がよいだろうか。

- Qとその内容に相当する部分：q
- 質問のQという文字部分　　：q-marker
- Aとその内容に相当する部分：a
- 回答のAという文字部分　　：a-marker

　このときの名前は、このBlockの中だけで使うものなので、他のBlockの中にあるElementの名前と被っていてもよい。

　これらElementの名前をBlock同様、クラス名に使うわけだが、そのままは使わない。この文字列の前に、**Block名 __** をつけるのである。**Block名の後ろにアンダースコア2つを続ける。**BEMにおいては、 __ はBlock名とElement名を区切るための符号の意味を持つ。これがElementクラス名の命名ルール。

すると、以下のようになる。

- Qとその内容に相当する部分：q-and-a__q
- 質問のQという文字部分　　：q-and-a__q-marker
- Aとその内容に相当する部分：q-and-a__a
- 回答のAという文字部分　　：q-and-a__a-marker

これをそれぞれの要素へクラス名として指定する。

```
<dl class="q-and-a">
  <dt class="q-and-a__q">
    <abbr class="q-and-a__q-marker" title="Question">Q</abbr>
    The quick brown fox...
  </dt>
  <dd class="q-and-a__a">
    <abbr class="q-and-a__a-marker" title="Answer">A</abbr>
    The quick brown fox...
  </dd>
</dl>
```

これでHTMLは完成。

このHTMLに対してCSSを用意したいわけだが、このとき、今設定したクラスを使って、クラスセレクタを用いてスタイルを当てていく。以下のような形である。

BEM的には、セレクタの書き方に決まりがあるだけなので、具体的なスタイルの詳細については省略する。中は好きなように書いてもらってよい。

```
.q-and-a { ... }
.q-and-a__q { ... }
.q-and-a__q-marker { ... }
.q-and-a__a { ... }
.q-and-a__a-marker { ... }
```

これがElementのCSSの書き方になる。

画面をBlockに分割し、Blockの中にある要素はすべてElementとして考える。これらにすべて名前を与え、BEMルールに則ったクラス名を振る。そしてすべて単純なクラスセレクタでスタイルを当てる。とりあえずここまでの内容で、BEM的にHTML／CSSを書いていくことは可能である。

Elementのルール

Elementには、**Elementが属するBlockの外側で使ってはいけない**というルールがある。例えば今挙げたQ&Aの例だと、「Q」だとか「A」という一文字を囲んでいる`<abbr class="q-and-a__q-marker"></abbr>`を、ちょっと左に飛び出させたい大きな文字があるからと言って、どこか別のBlockの中で使ってはいけない。

前回登場した`table-set`について考えてみよう。

これを一つのBlockとして考えた場合、見出し部分、表自体、キャプションはそれぞれElementになる。これを他の部分でも使いたくなりそうだが、それはBEM的にはNGである。

About employees

Name (job title)	Age	Nickname	Employee
Giacomo Guilizzoni Founder & CEO	40	Peldi	◉
Marco Botton Tuttofare	38		☑
Mariah Maclachlan Better Half	41	Patata	⊟
Valerie Liberty Head Chef	:)	Val	☑

The quick brown fox jumps over the lazy dog. The quick brown fox jumps over the lazy dog. The quick brown fox jumps over the lazy dog. The quick brown fox jumps over the lazy dog.

筆者ならこんなクラス名にすると思う。

- 見出し　　　：`table-set__heading`
- 表　　　　　：`table-set__table`
- キャプション：`table-set__caption`

実際にこれらクラス名が指定された要素をどこか別のBlockへ突っ込んでみても、同じ見栄えが再現されるだろうが、そのような使い方はBEMルールに反する。この見出しもキャプションも、この`table-set`専用というわけだ。「**ブロックの構成要素であり、切り離して使うことのできないもの**」がElementなのである。

仮にこの見出しやキャプションを別の場所でも使いたいのであれば、それぞれを単独のBlockとして考えるべきである。

なんて長ったらしいコードなんだ！

ちょっと待った。この長いクラス名は何……？　こんなのアリなの？

……と思われるかもしれない。その気持はわかります。
　これは冗長すぎるのでは？
　こんなに長いクラス名は必要なの？
　こんなのは自分の好みではない……
そう思う人はたくさんいると想像される。

　こんな長いクラス名を使っていると、「クラス名」っていう言葉自体が何かおかしく感じられてくる。大体class属性に指定する値って、こう、1〜3単語ぐらいで成り立つ、その要素を表すようなものというイメージだったりしないだろうか。「クラス名」って、class属性に指定されている文字列を「名前」と呼んでいるからそうだよね……。そんな考えを、このBEMのクラス名はブチ壊してくれてしまう。table-set__headingと、Blockの名前とElementの名前が組み合わさって、一つのクラス名となっているわけで。

　そもそも、こんなに長いクラス名を使わなくたってCSSは書けるだろうと言われれば、もちろんその通り。それと、いちいちすべての要素について名前を考えるのも、面倒である。しかし、あえてこの長ったらしいBEM式のクラス名を使ってHTML／CSSを書くことで、いくつかのメリットを得ることができる。ここでは以下の3つをそのメリットとして挙げる。

1. スタイルの衝突を防げる
2. HTMLを見ただけで設計者の考えている構造が理解できる
3. CSSのセレクタがごく単純になる

これをそれぞれ見ていこう。

1. スタイルの衝突を防げる

　まず1つ目のメリットは、スタイルの衝突を防げるという点である。
　第2回「CSS設計がないと困ること」で、何も考えずにCSSを書いた場合に困る例を紹介した。その困ることというのは、端的にまとめてしまうと、以下のようなことであった。

● **自分が書いているHTMLに、意図しないスタイルが当たってしまう**
● **自分が書いたCSSが、意図しない部分に影響してしまう**

BEM式にHTML／CSSを書くことで、こういったことはほぼ起こらなくなる。これはBEMを選ぶ大きな理由の一つだろう。

　なぜスタイルが衝突しなくなるのか？　それは、端的に言うと、こんな長ったらしいユニークなクラス名は、他の場所で使われようがないからである。ここまででHTMLの各要素に指定するクラス名は、以下の2パターン。

　●Block名　そのまま（例：q-and-a）
　●Block名＿＿Element名（例：q-and-a＿＿q-marker）

そして、以下のように、クラスセレクタでスタイルを当てる。

```
.q-and-a { ... }
.q-and-a__q { ... }
.q-and-a__q-marker { ... }
.q-and-a__a { ... }
.q-and-a__a-marker { ... }
```

　これらクラス名を他の場所で使うことがあるだろうか？
　BEMルールに従ってHTML／CSSを書いている以上は、この可能性はかなり低い。……と言うより、どんなルールに従っていようとも、こんなクラス名を付けることはまずないだろう。

　このBlock名とElement名は、苗字と名前であると考えると想像しやすいかもしれない。
　Blockが苗字、Elementが名前である。この場合、q-and-aが苗字、q、q-marker、a、a-markerが名前だと思ってほしい。「鈴木」家の「太郎」さんなので、「鈴木太郎」。これと同様、q-and-aのqなのでq-and-a＿＿qという具合である。

　Elementにスタイルを当てる際は、「鈴木太郎」と、フルネームで指定しているのと同じなわけで、同姓同名の人物が登場しない限りは、他に影響するようなことは起こらない。同じBlock名で同じElement名の要素が登場しない限りは、ほかの要素へ影響を与えることがないのである。
　ついでに、Elementのクラス名というのは、中に＿＿を含んでいる。前回Blockについて書くときに少し触れたが、Block名には_を使ってはいけない決まりがあるため、q-and-a＿＿qというようなBlock名が存在してしまう心配は不要になる。「鈴木太郎」という苗字の人はいないのと同じことである。

　唯一気にかけるべきなのは、2つ目のq-and-a Blockを作ってしまわないようにするということだ。一緒にCSSを書いていたチームメンバーもq-and-aという名前をBlockに付けてしまっていた。こうなると、お互いの書いたCSSが衝突してしまう。

そんな風に共同で作業する場合は、Block名が被らないように注意しなければならない。というよりむしろ、**Block名が被らないようにさえすれば、BEMで書いている以上、スタイルの衝突は起こらないのである。**

共同で作業する場合、Blockの切り方とBlock名を決めてから作業するとスムーズである。

スコープを限定するクラス名

もしBEMのルールが、Elementの名前もBlock同様、付けた名前だけでクラスセレクタにてスタイルを当てるというものだったらどうだろう。Q&Aの例だと以下のようになる。

```
<dl class="q-and-a">
  <dt class="q">
    <abbr class="q-marker" title="Question">Q</abbr>
    The quick brown fox...
  </dt>
  <dd class="a">
    <abbr class="a-marker" title="Answer">A</abbr>
    The quick brown fox...
  </dd>
</dl>
```

```
.q-and-a { ... }
.q { ... }
.q-marker { ... }
.a { ... }
.a-marker { ... }
```

これでは、他にqやaというクラスが指定されている要素すべてにスタイルが当たってしまう。

もしもこんなルールだったら、開発者はElement名を決めるのに非常に慎重にならなくてはいけなくなる。そこで、Elementのときは頭にq-and-a__と言う具合に、Block名の情報を与えることで、この名前が被って問題になるスコープを、同じBlock内に限定することができているわけである。

さっきの「鈴木太郎」の例で言えば、「太郎」を赤色にしろと命令しただけでは、それは当然見ず知らずの「田中太郎」も赤色になる。こういう場合に「鈴木太郎」を赤色にしろと命令するのが、BEMのやり方なのである。これなら「田中太郎」は反応しない。

2. HTMLを見ただけで
　　設計者の考えている構造が理解できる

　2つ目のメリットは、構造を把握しやすくなるという点である。BEMで書いておけば、HTMLを見ただけで設計者の考える構造が理解できるようになるのだ。やってみると感じるが、この安心感はだいぶ大きい。

　例えば、このようなカードUIがあった場合。
　これを表現するための、以下2通りのHTMLを見比べてほしい。

BEM版

```
<div class="card">
  <img class="card__img" alt="..." src="..." />
  <div class="card__body">
    <h5 class="card__title">Product title</h5>
    <p class="card__text">The quick brown fox jumps...</p>
    <a class="card__btn" href="#">Go somewhere</a>
  </div>
</div>
```

非BEM版

```
<div class="card">
  <img class="img" alt="..." src="..." />
  <div class="body">
    <h5 class="title">Product title</h5>
    <p class="text">The quick brown fox jumps...</p>
    <a class="btn" href="#">Go somewhere</a>
  </div>
</div>
```

ここまで本書を読んだだけの読者であっても、BEM版のコードであれば、どこがBlockで、どこが Elementかを即座に判断することができるのではないだろうか。どういうまとまりをBlockとして考えているのか、HTMLを見ただけで理解できてしまう。このHTMLなら、こういうCSSが書かれているはずだと。

```
.card { ... }
.card__img { ... }
.card__body { ... }
.card__title { ... }
.card__text { ... }
.card__btn { ... }
```

　これに対して非BEM版の方はどうだろう。このHTMLだけを見れば、BEMのようなコンポーネント感でCSSを書いているかもしれないと想像はできる。例えばこんな風に……

```
.card { ... }
.card .img { ... }
.card .body { ... }
.card .title { ... }
.card .text { ... }
.card .btn { ... }
```

　ただし、本当にそうかどうかは、CSSを見なければわからない。CSSを見てみたら、以下のように、ボタンや見出し部分はこのUI以外の部分でも使う想定でセレクタが書かれていたということは全然ありえることだ。

```
.title { ... }
.btn { ... }
```

　非BEM版のHTMLでは、そのコードを見ただけでは、実装者がどのようにコンポーネントのまとまりを考えているのか、いやそもそもコンポーネントという考え方で作っているのかどうかすら、判断のしようがないのである。

　BEM的な脳みそでコードを書いていると、こういうHTMLに出会ったら、「うわーこのCSS大丈夫かなー」とちょっと不安になってしまうわけだ。**HTMLを見ただけで構造を理解できる**のは、BEMの優れた特徴である。

3. CSSのセレクタがごく単純になる

3つめのメリットは、CSSのセレクタがごく単純になるという点である。

第2回「CSS設計がないと困ること」にて、自分の書いたCSSのスタイルが適用されず、!importantを使わざるを得なくなってしまうという悲劇を紹介した。この問題は、**セレクタの詳細度**が関係してくる。

詳細度についての突っ込んだ説明は本書では省くが、CSSのセレクタというのは、その指定の方法により優先度が決定され、優先度の高い方のスタイルが勝つというルールになっている。

例えば、以下のようなデザインカンプとHTMLがあったとする。メインエリアの頭の方で、重要なメッセージを表示するみたいな想定である。

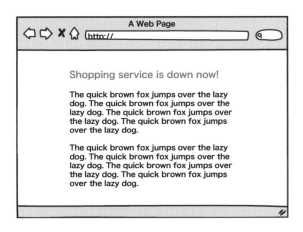

```
<main id="main">
  <p class="important-note">
    <strong>Shopping service is down now!</strong>
  </p>
  ...
</main>
```

このHTMLで読み込んでいるCSSが以下だとする。

```
/* メインエリアのテキストは黒 */
#main p { color: black; }

/* 重要なメッセージは赤 */
.important-note { color: red; }
```

このCSSを書いた人の気持ちとしては、メインエリアのテキストカラーをblack（黒）にし、メインエリア上部に置いた緊急メッセージのテキストカラーをred（赤）にしたいわけである。デザインカンプのように、Shopping service is down now!が赤になってほしい……。

　しかし、残念ながらこの緊急メッセージは赤い文字にはならず、黒い文字のままになる。その理由は、.important-noteよりも#main pのほうが詳細度が高いためである。端的に言えば、**idセレクタは強い**ということ。
　なので#main pに指定されているcolor: blackの方が勝ち、.important-noteに指定されているcolor: redが負けてしまうのである。

　なるほどこれはややこしい。ぼーっと読んでいると、読み飛ばしてしまいそうな内容だ。CSSを書くにはこんな計算をいつもしなければならないのか。

　ここで改めてBEMのセレクタを振り返ってみる。先程のカードUIのCSSだ。

```
.card { ... }
.card__img { ... }
.card__body { ... }
.card__title { ... }
.card__text { ... }
.card__btn { ... }
```

　どうだろう、どれも単独のクラスセレクタになっている。前述の例のように、他のセレクタが混ざっていないのだから、そもそも詳細度の強さがどのくらいか？などと気にする必要がないのだ。

　この詳細度の点数について、何が強くてどうすれば勝てるみたいなルールを細かく覚えておく必要はほとんどないと筆者は考えている。興味があれば調べてみるとよいと思うが、正直、筆者は詳しく覚えていない。筆者が覚えているのは、
　1. idセレクタ
　2. クラスセレクタ
　3. 要素セレクタ
の順で強いと言うくらいだ。読者のみなさんも、これを覚えておくくらいでいいんじゃないかと思う。こんな風に、詳細度の勝ち負けみたいな状況を起こさないようにするのが重要なところなのである。
　BEMはこの心配を非常に少ないものにしてくれる。

　今回はElementについて解説した。一見冗長すぎると思われるBEMのクラス名を使った表現には、色々とメリットがあるわけだ。次回はModifierについて解説する。

Element in Element はナシ

　よくある勘違いなのでここで軽く触れておくが、以下のようなクラス名はBEM的にはナシである。先程のカードUIのHTMLのバリエーションだ。

```
<div class="card">
  <img class="card__img" alt="..." src="..." />
  <div class="card__body">
    <h5 class="card__body__title">Product title</h5>
    <p class="card__body__text">The quick brown fox jumps...</p>
    <a class="card__body__btn" href="#">Buy</a>
  </div>
</div>
```

　何がナシかというと、card__body__titleのように、__がクラス名に2回入っているところである。

　bodyの配下にtitle、text、btnがあるので、Elementの構造を__で表すと上記のようになりそうだが、BEMとしてはElementの構造をクラス名の中で表現するルールはない。

　筆者としては、このようなルールがないのは、BEM的には、Block名とElement名という単純な2階層構造で考えよという思想なのであろうと捉えている。このルールを許容するとすると、どんなに深い階層でも表現できるわけだが、その分Blockの粒度が大きくなってしまう。粒度の大きすぎるBlockは本当にその粒度で最適かどうかを疑ったほうがよい。

　この階層化を多用したくなってきたときは、粒度が大きすぎるぞという警告だと、理解しておいてよいのではないかと筆者は考える。ちょっとだけこういうことをしたいくらいであれば、card__body-titleなどとして済ますのをおすすめする。

BEMのM = Modifier

今回はBEMの最後のM、Modifierについて解説する。

Modifierって何？

modifyとは「変える」という意味。つまり、Modifierとは「変えるヤツ」。
　何を変えるのかと言うと、BlockやElementを変えるのである。Modifierは、**BlockやElementのバリエーションを作ったり、状態を表現したりする**ときに使う。

BlockのModifierの例

まずはBlockの見栄えを、Modifierを使って変化させる例を紹介する。

Modifierを使わない場合

例えばこんなUIがあったとする。

> 20件の新着メッセージがあります

基本的には何かしらお知らせを表示する用途で作られたこのUI。しかし、フォームなどの送信成功時、失敗時には、以下のように色を変えたいということになった。

> メッセージを送信しました

> ログインに失敗しました

さて、このUIをmessageという名前のBlockと考えると、1つ目の例はこうなる。

```
<p class="message">20件の新着メッセージがあります</p>
```

そうしたら成功と失敗のバージョンはどうしよう。

ここまでの知識だと、以下のようにmessage-success、message-errorなどという別の名前の Blockにするかもしれない。

```
<p class="message-success">メッセージを送信しました</p>
<p class="message-error">ログインに失敗しました</p>
```

別にこれでも何か問題があるわけではない。ただ、ここまで同じ見栄えをしているUIなら、共通するスタイルがたくさんある。というか、変わってるのは色だけである。そんな場合はModifierの出番。

Modifierを使った場合

Modifierをこのケースで使う場合、例えばmessageというBlockに、以下の2パターンの変化を与えることができるようにすると考える。

- 成功時の表示にする
- 失敗時の表示にする

変化を与えたい要素に対し、**Block名_モディファイア名_値**をつなげたクラス名を用意し、追加のクラスとして指定するのである。

何のことやらと感じられるかと思うので、HTMLを見てもらったほうが早い。そのHTMLが以下である。

```
<p class="message message_type_success">メッセージを送信しました</p>
<p class="message message_type_error">ログインに失敗しました</p>
```

ここでは、以下の2パターンのModifierを作った。

- message_type_success：「タイプ（type）」が「成功（success）」
- message_type_error　：「タイプ（type）」が「失敗（error）」

こんな風に、要素をどのように変化させるかを表すクラスを作成し、CSSではこのModifierのクラスでBlockやElementのスタイルを上書きしたり、追加したりするという具合に使う。

例えば以下のような形である。

```css
.message {
  color: #22486F; /* 青の文字色 */
  border: 1px solid #22486F; /* 枠線の青 */
  background-color: #9EC4F8; /* 背景の薄い青 */
  border-radius: 6px;
  padding: 10px;
}
.message_type_success {
  color: #425D2F; /* 緑の文字色 */
  border-color: #425D2F; /* 枠線の緑 */
  background-color: #C3DCB7; /* 背景の薄い緑 */
}
.message_type_error {
  color: #721207; /* 赤の文字色 */
  border-color: #721207; /* 枠線の赤 */
  background-color: #EA9999; /* 背景の薄い赤 */
}
```

　Modifierのルールを Block のルールの後に書いておけば、上記のような HTML では、Block のルールが適用された上で、Modifier のルールが適用される。上記では、色関連のプロパティの値が、Modifier により上書きされる形となる。

　こんな風に、**Block や Element を変化させる**のが Modifier の考え方である。その手段として追加のクラスを使う。この振る舞いは、「着せ替え」をイメージするとわかりやすいかもしれない。Modifier とは「変えるヤツ」である。

Element への Modifier の例

　今挙げたのは、Block 自体のバリエーションを Modifier で表現した例。

　次は、Element のバリエーションを Modifier で表現した例を紹介する。

　Modifier をどういう風に使うかは完全に自由なのであるが、先程例に挙げたような、**UI のバリエーションを表現する**以外では、**UI の状態変化を表現する**ために使うことが多くなると思われる。例えば、ヘッダやサイドナビなんかにあるナビゲーションで、現在地表示を変えるというような場合。

今はProductsカテゴリにいるから、アクティブな状態であることを示したいという場合。これを達成するため、ElementへModifierを適用した例を見てみる。

```html
<ul class="header-nav">
  <li class="header-nav__item"><a href="#">Home</a></li>
  <li class="header-nav__item header-nav__item_state_active"><a href="#">Products</a></li>
  <li class="header-nav__item"><a href="#">Company</a></li>
  <li class="header-nav__item"><a href="#">Contact</a></li>
</ul>
```

```css
.header-nav {
  display: flex;
}
.header-nav__item {
  width: 200px;
  text-align: center;
  border: 1px solid black;
  border-bottom: 10px solid gray; /* ボーダーは灰色 */
  padding: 1em .3em;
}
.header-nav__item_state_active {
  border-bottom-color: red; /* ボーダーを赤に */
}
```

このコードでのModifierはheader-nav__item_state_activeである。ナビゲーションの一つのアイテムであるheader-nav__itemを変化させるために使う。Blockのときと同様、Elementのクラス名の後ろに_モディファイア名_値を付けてモディファイアのクラス名を作る形だ。HTMLにおいて、要素に追加のクラスとしてモディファイアを指定する点も変わらない。この場合は、itemのstate（状態）がactive（アクティブ）であることを示すよう、言葉を選んでいる。

こんな風に、BlockにでもElementにでも、何かしらの変化やバリエーションを表現したい場合、Modifierを有効に利用できる。別のBlockやElementにしても間違いではないが、ちょっとスタイルが違うぐらいであれば、こんな風にModifierを利用すると色々都合がよいことが多い。

このような状態変化の表現は、JavaScriptを使って画面に変化を与える場合、頻繁に利用することになるだろう。

省略した書き方: その1

今挙げた2つの例で採用しているModifierの書き方は、オリジナルのBEMの書き方である。BEMが広まるにつれ、このModifierの書き方について、省略した書き方が好まれるようになってきた。

具体的にはクラス名を以下のようにする。

- message_type_success → message--success
- message_type_error → message--error
- header-nav__item_state_active → header-nav__item--active

こんな感じである。

```
<p class="message message--success">メッセージを送信しました</p>
<p class="message message--error">ログインに失敗しました</p>
<li class="header-nav__item header-nav__item--active"><a href="#">Products</a></li>
```

今まで _モディファイア名_値 だった部分が、 --値 になったという具合。

とりあえずこのHTMLだけを見て、何を意味しているかは想像できるんじゃないだろうか。このように書くと、端的に言ってコードを書くのが楽である。むしろ、この書き方の方が広まりすぎて、Modifierの書き方は --値 であると思っている人のほうが多いかもしれない。

単純にわかりやすいし不都合もないので、本書でもこの書き方でModifierを書いていくことにする。

省略した書き方: その2

もう一つ省略した書き方がある。それは、Modifierには一切、Block名やElement名を含めないというもの。以下はmessageの例である。

```
<p class="message --success">フォームの送信に成功しました</p>
<p class="message --error">メールアドレスの形式に誤りがあります</p>
```

こんな風にHTMLを書き、CSSでは以下のようにする。

```
.message.--success { ... }
.message.--error { ... }
```

メニューの場合はこうなる。

```
<li class="header-nav__item --active"><a href="#">Menu2</a></li>
```

```
.header-nav__item.--active { ... }
```

複数のクラスを使ったクラスセレクタを用いて、モディファイアが適用された場合のスタイルを定義するというわけだ。なるほど確かにこれはシンプル。この書き方を好む人もよく見かける。この書き方だと、CSSのセレクタの詳細度が上がってしまうというデメリットがあると言えばあるが、局所的に使うものなので、それが問題になるケースは少ないと思われる。

デメリットと言えば、--successと言うクラス名だけに注目すれば、これが、messageというBlockに対してだけのModifierなのかどうかわかりづらいということだろうか。本書では後の方に登場するユーティリティクラスなのかどうかというのが、ひと目でわからない可能性があると言えばあるが、このあたりはプロジェクト単位のルールとしてどこかにまとめておくのがよいと思う。

ちなみに、このようなModifierの派生みたいな書き方は、BEM的には邪道みたいに捉えられているわけではなく、BEMの公式サイトにおいて、コミュニティで生まれた書き方みたいな形で紹介されていたりもするので、BEMに反しているなどと気にする必要はない。

こんな風にBlockやElementを変化させる役割をするのがModifierである。

UIのバリエーションを表現するときや、JavaScriptで状態を変化させる場合によく使われる。Modifierを利用すれば、BlockやElementの数を比較的コンパクトにすることができることが多い。

BEMその他

ここまでで、Block、Element、Modifierを見てきた。
BEMがもたらしてくれる利点は、ざっとまとめると以下のような感じである。

- スタイルの衝突を起こりにくくする
- 構造の理解を容易にする
- 詳細度の複雑さからCSSを開放する

しかしこんな長ったらしいクラスを付けさせるBEM、冗長すぎて好きじゃないという人も多いと思う。
ただ、第2回「CSS設計がないと困ること」で書いたCSSで困る問題は、この方法によりだいぶ解消されることもまた事実。BEMみたいなHTMLとCSSの書き方が広く広まった理由に思いを馳せる中で、いかに多くの開発者がこれらの問題に苦しんできたのかを想像してもらえればと思う。
今回は、BEMの解説の最後として、いくつかのBEMにまつわるトピックを紹介する。

Block名やElement名をどう書くか

ここまで書いてきたコードでは特にそのことに触れずにここまで来たが、複数の単語を表現するとき、BEMではこんな感じにハイフンでつなげたクラス名にする。

```
.global-primary-nav__menu-item--active { ... }
```

こんな風に、単語の区切りにハイフンを入れ、すべて小文字で書く書き方のことを、ケバブケース（kebab case）と言うらしい。BEM公式で紹介されている書き方は、基本このケバブケースになっている。

しかしながら、BEMが広まるにつれ、皆色々な書き方をしはじめた。BEM公式では、クラシックな書き方はケバブケースであると紹介しつつ、コミュニティで広まった書き方を紹介したりもしている。

キャメルケース

具体的には、こんな風にも書かれる。

```
.GlobalPrimaryNav__MenuItem { ... }
```

```
.globalPrimaryNav__menuItem { ... }
```

　これはキャメルケース (camel case) というやつで、単語の初めの文字を大文字にして表現する方法。最初の文字も大文字なのはアッパーキャメルケース (upper camel case)、最初は小文字なのはローワーキャメルケース (lower camel case)。ケバブケースが単語間をハイフンで区切る代わりに、キャメルケースは、頭の一文字だけを大文字にしている。

コラム

アッパーキャメルケースが好き

　筆者個人としては、Block名とElement名はアッパーキャメルケースで書いておくのが好みである。以下のように。

```
.GlobalPrimaryNav__MenuItem--active { ... }
```

　これには一応理由がある。別にこの方法に準じるべきであるとかは思わないが、コラム的にちょっと自分の考えを紹介しておく。

　BlockやElementというのは、何かしらのUIをHTMLとCSSで表現するために考え出された、抽象的な概念である。その抽象的な概念を、コードに落とし込む際に、HTMLとCSSでクラス名を介してスタイルを当てているわけである。言ってみれば、BlockやElementは、具体的に画面にレンダリングされるUIの雛形と言えなくもない。

　RubyなりJavaなり、なんでもいいのだが、多くのプログラミング言語では、雛形的な存在である「クラス」は、大文字で始めるのが一般的な命名規則になっている。そのようなプログラミング言語的な慣習に倣えば、BlockやElementを示す言葉というのは、大文字で始めたほうが違和感がないのではないか？などと考えているが、まぁ単に個人の考えでしかないので、読者のみなさんは好きに書けばいいと筆者は思う。

区切り文字

BEMにおける区切り文字を変えてしまっても別によい。例えば以下のように。

```
.GlobalPrimaryNav-MenuItem { ... }
```

これは、キャメルケースであればアンダースコア2つは冗長だろうと、BlockとElementの区切りを、ハイフンひとつでつなげたパターン。

この辺り、それぞれの方法に細かい長所短所があったりはするのだが、どの方法を選んでも、開発のしやすさを劇的に変化させるような違いはないと筆者は考える。ほとんど好みの問題に近い。ただ、同じプロジェクトの中では書き方のルールを決めておかなければ混乱することになるので、そこだけは気をつけるとよいかと思う。

BEMのもたらしたもの

これは筆者個人の感想のようなものなのだが、BEMを始めとする、種々のCSS設計の考え方が広まり、多くの開発者は、アンダースコアやハイフンにより大きな意味を感じるようになったと思う。

言ってみれば、やりたいことはコンポーネント化なのだが、HTMLとCSSではそれをうまく表現できる仕組みがない。いや、新しめのセレクタを使ったりなどすればそれなりに上手くやれたりもしそうであるが、現実として対応しなければならないボーダーラインは、旧世代のブラウザ達。BEMが広まりだしたのはInternet Explorer7とか8とか、そのくらいの時期からだったかもしれない。
そんな環境の中でもなんとか問題が起こらないようにコンポーネント化を実現できないか？ CSSを書くときに発生する色々な問題を、うまいこと対処できないか？ その悩みを解決すべく生まれたのが、BEMのように筆者は感じる。

なので、この長い冗長な、アンダースコアやハイフンの混じり合うクラス名というのは、今のCSSではこうするしかない。これだけしか何とかする方法はないという、諦めにも似た実装方法なのかもしれない。

BEMのようにコンポーネントで考えるCSS設計方法論みたいなものはたくさんある。そういった考え方の多くは、BEMに影響を受けているように思われる。というより、たぶんその頃CSSを書いていた人たちは、みんなBEMっぽいことを考えてはいたものの、それをここまではっきりとルールにしてくれたのがBEMであったように筆者は感じる。
CSS設計方法論の多くは、どれもBEMと同じように、クラス名を工夫してコンポーネント化を実現しようとしている感じのものが多い。だから、筆者としては、とりあえず知名度が高く、よく出来てい

て、実務での採用もウェルカムなBEMを知っておいて損はないぞと思うのである。

　BEMを知り、自分で書いてみれば、クラス名に入り交じるハイフンやアンダースコアを見て、何かしらの意味を考え、想像できるようになるであろう。HTMLやCSSを見てそのように感じることができるようになれば、BEMに触れてみた意味があるというものだ。

セレクタの書き方

ここまでで、CSSは単純なクラスセレクタで書けと解説してきた。こんな感じである。

```
.table-set { ... }
.table-set__heading { ... }
.table-set__caption { ... }
```

　しかし、別にBEMはそれ以外のセレクタの使用を禁止しているわけではない。
　例えば前回Modifierの解説のときに例として挙げたこのメニュー。Modifierの解説のためにシンプルなCSSにしていたが、実際にこれをマジメに組もうとしたら、以下のようにメニューアイテム全体にポインタが反応するようにしたくなる。

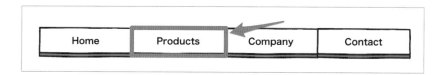

```
<ul class="header-nav">
  <li class="header-nav__item"><a href="#">Home</a></li>
  <li class="header-nav__item"><a href="#">Products</a></li>
  <li class="header-nav__item"><a href="#">Company</a></li>
  <li class="header-nav__item"><a href="#">Contact</a></li>
</ul>
```

　こういった場合、a要素をdisplay:blockにしたりなどする必要がある。そうしたければ、ここまでに解説してきた内容からすると、a要素に対してheader-nav__item-anchorなどとクラス名を割り当てるのが筋である。
　ただ、それだとHTMLがクラスだらけになってしまう。こんな単純なHTMLなのに。面倒なのでクラスをつけるのをサボりたい……。そんなときにはこう書きたくなるだろう。

```
.header-nav__item a {
  display:block;
  padding: 1em .3em;
}
```

　おいおい、BEM的にはクラスセレクタで全部やるんだろう？と心の中で怒られる感じがするかもしれないが、実はBEMとしてはこのように書いても別によいというスタンスをとっている。これだったらだいぶHTMLがごちゃごちゃせずにスッキリする。

　しかし、これまでにも何度か書いてきたが、このように、クラスセレクタ以外のセレクタを多用すると、ルールの詳細度に差が出てきてしまう。前述したとおり、詳細度の差によりどっちのスタイルがあたるのか？みたいな状況は、絶対に発生させたくない。なので、BEMとしては、こういう書き方は禁止はしないが、ご利用は計画的にということのようである。

　筆者としては、今例に挙げたようなケースであれば、積極的にクラス名を付けるのをサボる。なぜなら、この場合は、li要素の配下には、a要素以外が入る見込みがほぼないためである。ここに色々な要素が入ってくるとすると、こんな風に子孫セレクタを使ったら、意図しない描画結果になることがあるかもしれない。しかし、ごく限られたスコープで、限られた要素しか入り得ないのであれば、長ったらしいクラス名を付けるのをサボったほうが、HTMLの見通しはよくなることが多いと思う。

　あとで自分や他人が見たときに混乱しない程度に、このような書き方をしていくのがよいと筆者は考える。

Blockという単語についての補足

　これまで何度も「コンポーネント」という言葉を使ってきたが、BEMでは、そのコンポーネントの呼び名として「Block」という言葉を使っている。BEMを始めとする各種CSS設計方法論において、「コンポーネント」という言葉が示すものは、管理上都合のよい大きさのUIのまとまりと言える。

　この「コンポーネント」というもの、CSS設計方法論、JavaScriptのフレームワーク、デザインシステムなどで、さまざまな呼ばれ方をする。「モジュール」だったり「オブジェクト」だったりというように。最近では「コンポーネント」と呼ばれることが多い印象だが、とりあえず本書ではBEMベースで話を進めていくので、このUIのまとまりのことを、引き続き「Block」と呼んでいくことにする。

　ひとまずBEMについては今回でおしまい。
　次回からはBEM以外のCSS設計に関する話を続けていく。

SMACSS：Baseルール

ここまででBEMを解説してきた。よし画面はBlockに分けて考えるんだな。よいコードが書けそうな気がしてきたぞ！ ……って思ってくれたかもしれない。しかし、これで悩み無用でサクサクCSSを書いていけるかと言われるとそういうわけでもない。色々な悩みが発生してくると思われる。ここからは、この助けとなるであろう4つのトピックを解説する。

- Baseルール
- Layoutルール
- Themeルール
- ユーティリティクラス

SMACSS

この4つのトピックのうち、はじめの3つは、**SMACSS**という考え方を元にしている。SMACSSというのはScalable and Modular Architecture for CSSの略で、「スマックス」と読む。著者はWebデザイナー／デベロッパーであるJonathan Snook氏で、当時Yahoo!に勤めながら得た知識を元に書いたとのこと。

この書籍は2012年に発売され、今となってはクラシックな内容となったが、この本はとてもシンプルにまとまっており、設計の理解のためには今でも有益であると筆者は考える。そんなに長い本ではないので、本書を読んで気になった方は原著を読んでみることをオススメする。

SMACSSはWebサイトで全文が公開されており、日本語に訳されたものもある。

SMACSS
http://smacss.com

SMACSS: 日本語訳
http://smacss.com/ja

SMACSSにおけるCSSのルールの分け方

これまでもこの言葉は使ってきたが、CSSにおいて、以下のような、セレクタとそのセレクタに適用させるスタイルの宣言のまとまりを「**ルール**」（**ルールセット**）と呼ぶ。

```
h1 {
  font-size: 3em;
  color: black;
}
```

この「ルール」という言葉は、SMACSSでそう呼んでいるという話ではなく、CSSの仕様として、このまとまりを「ルール」と名付けている。

SMACSSでは、あらゆるCSSのルールは、以下の5つのどれかに分類されると考える。

- **Baseルール**
- **Layoutルール**
- **Moduleルール**
- **Stateルール**
- **Themeルール**

SMACSSという本は、この5つがそれぞれどのようなものかを解説したものである。

この中で、BEMを知っていればまるっとスキップできるものが2つある。1つ目がModuleルール。これはBEMでいうBlockと同じ考え。画面を構成する要素をModuleというまとまりで考えるというもの。もうひとつがStateルール。これはBEMでいうModifier。Moduleのバリエーションを追加のクラスなどで表現しようというものである。なので、BEMを知っていればSMACSSの半分くらいを理解しているのと大体同じと思ってもらってよい。

しかしSMACSSにはBEMにはない要素があり、これらを知ることはCSS設計を学ぶ上で大変有益である。というか、BEMでは、Blockがどういうものかについて事細かにまとめられているものの、その外側のことについては特に触れられていない。コンポーネントの外側をどう考えればよいか。そのあたりのヒントを、このSMACSSからもらうことにしよう。

ということで、ここからはSMACSSの以下の3つのルールをそれぞれ解説していく。

- **Baseルール**
- **Layoutルール**
- **Themeルール**

さてHTMLとCSSを書こう。まずは……?

まず今回解説するのはBaseルール。

BEMを覚えて、画面を構成する要素をBlockに分けてHTMLとCSSを書いていこうとなったわけだが、いきなりBlockのコードを書き出すかと言われるとそんなことはない。

- これは見出しに相当するのでh1を使おう
- ここはテキストが入るのでpを使おう

などとHTMLを書いていくと、h1の文字は大きく太字になり、h1にもpにも上下に大きく余白がついたりする。ブラウザにはデフォルトスタイルというものがあり、HTMLが用意するほとんどの要素には何かしら、ブラウザが用意したスタイルがあらかじめ適用されるようになっている……とまぁ、そんなことはわざわざ説明されなくてもご存知であろうとは思う。

さてこのデフォルトスタイル、自分の望む形になっているだろうか。h1のfont-sizeはもっと小さく、marginはもう少し狭くしたくないだろうか? p要素に付いてくるマージンはもう少し広くしたくなったりするんじゃないだろうか。

デフォルトスタイルをそのまま使うこともあるだろうが、そういうことばかりでもない。ほとんどの人は、これら最初からついているスタイルを、調節したり、もしくはなくしたりしてからBlockを書いていく。例えばこんな風にである。

```css
html, body {
  margin: 0;
  padding: 0;
}
h1 {
  font-size: 2rem;
}
p {
  margin-bottom: 2rem;
}
```

こんな風に、まず**サイトの土台となるCSSのルール群**を書くと、その後のコーディングに都合がよかったりする。SMACSSでは、このようなCSSのルール群を、**Baseルール**と呼んでいる。

normalize.css

そんな風にベースとなるCSSのルールというのは、どうやって決めればよいのだろうか。そりゃもちろんあなたのWebサイトなので自由ではあるのだが、広く利用されている **normalize.css** というものがあるので、それを紹介する。

normalize.cssは、Nicolas Gallagher氏の作った、オープンソースのプロジェクトである。

normalize.css
http://necolas.github.io/normalize.css/

MITライセンスで配布されており、基本的に無料で自由に使えると考えておいてもらってよい。

normalize.cssは、ブラウザのデフォルトスタイルを尊重しつつ、その内容には微妙に差があるので、その差異を埋めようとするものである。

それはどんなものなのか。具体的なnormalize.cssのコードを見てみることにする。

h1の調整

```
/**
 * Correct the font size and margin on `h1` elements within `section` and
 * `article` contexts in Chrome, Firefox, and Safari.
 */

h1 {
  font-size: 2em;
  margin: 0.67em 0;
}
```

sectionとarticleの中ではChrome、Firefox、Safariでh1のfont-sizeとmarginが変わってしまうらしく、その調整を行う。

fieldsetの調整

```
/**
 * Correct the padding in Firefox.
 */

fieldset {
  padding: 0.35em 0.75em 0.625em;
}
```

Firefoxではfieldsetのpaddingが異なるらしく、その調整を行う。

文字周りの調整

```
/**
 * 1. Correct the line height in all browsers.
 * 2. Prevent adjustments of font size after orientation changes in iOS.
 */

html {
  line-height: 1.15; /* 1 */
  -webkit-text-size-adjust: 100%; /* 2 */
}
```

すべてのブラウザでline-heightを補正する。iOSでの端末方向変更時のフォントサイズ自動調整をさせないようにする。

normalize.cssのアプローチ

3箇所ほど例を挙げたが、こんなコードの集まりがnormalize.css。normalize.cssを一言で表すと、**「なんか色々いい感じにならしてくれるCSSルールのセット」**である。

よし、ブラウザのデフォルトスタイルを活かしてCSSを書くぞ！と思ったら、ここで挙げたようなブラウザごとの差異を知らなければ、どこかでつまずくかもしれない。とは言え、こういった事情をすべて把握しておくのはだいぶ辛いだろう。

section内でh1のfont-sizeとmarginがブラウザによって異なってしまうこと、Firefoxでfieldsetのpaddingが異なってしまうことは、知識として覚えておかなければならないことだろうか。筆者はそうは思わない。そんなバグのような挙動を筆者は全く覚えていない。

こういう面倒な調整は、normalize.cssに任せてしまうのがよい。normalize.cssが勝手にいい感じにスタイルの差を埋めてくれるわけだ。

そんな風に、ブラウザのデフォルトスタイルの差異を吸収するのがnormalize.cssのアプローチである。とりあえず初めにnormalize.cssを読み込ませることで、ブラウザごとのバグとも言えるような差異について、考えなくてよい状態にすることができる便利なヤツである。

Reset CSS

次に**Reset CSS**を紹介する。

normalize.cssがブラウザ間の差異を吸収するのを目的としているのに対し、Reset CSSは、**ブラウザの持っているデフォルトスタイルを基本的になくしてしまおう**という考え方に基づき作られている。スタイルを揃えるアプローチは同じだが、Reset CSSはゼロにすることで揃える。

Reset CSSが有名になったのは、おそらくEric Meyer氏が、自身のブログでこのアプローチについて紹介したことが大きいと思われる。

以下のURLにて、Reset CSSの内容が公開されている。

meyerweb.com - CSS Tools: Reset CSS
https://meyerweb.com/eric/tools/css/reset/

このReset CSSのオリジナルは2008年の記事であり、もう随分昔のことである。

リセットしたい気持ち

Eric Meyer氏が紹介し、Reset CSSという名前でよく知られることになったこのアプローチ。その歴史はもうちょっと古い。

おそらく2004年頃、その頃はInternet Explorer6あたりが主流だった時代、テーブルレイアウトからCSSレイアウトへと移り変わりだした頃だっただろうか……その頃は以下のような形で皆リセットをしていた。

```
*  {
  margin: 0;
  padding: 0;
  border: 0;
}
```

　このルールを書くとどうなるかというと、すべての要素のmargin、padding、borderがなくなる。なんでそんなことをするかというと、それは単純。デフォルトスタイルが邪魔だから消したいのである。

　とりあえず何も装飾せずにHTMLだけを書くぶんには、デフォルトスタイルはありがたいが、このスタイルが存在しない方が嬉しいことはたくさんある。

　実際にデザインカンプを見ながら、画面の構成要素をBlockに分解してHTMLとCSSを書いていくぞ！となったとき、例えばテキストを入れたかったらp要素を使うわけだが、このp要素には最初からmarginがついている。

　デザイン上、余白を付けたくない場所であったなら、

```
.my-block__text {
  margin: 0
}
```

などと書き、デフォルトスタイルのmarginを打ち消さなければならない。

　h1〜h6のfont-size、font-weight、margin、thやtdのtext-alignなど、UIによって、それぞれの要素が最初から持っているスタイルを調整したい箇所はたくさん出てくる。

　そんなスタイルを逐一殺していると、結果的に、自分の書くCSSにはデフォルトスタイルを打ち消すためのCSSの記述が何度も登場することになってしまう。これは圧倒的に非効率。そこでReset CSSを使えば、とりあえずこういったスタイルをゼロにした状態から始めることができるので、デフォルトスタイルのことはもう気にしなくてよくなるのである。

Reset CSSの中身

　Eric Meyer氏のReset CSSは短いので、それがどんなものなのか、そのまま紹介してみる。

```
/* http://meyerweb.com/eric/tools/css/reset/
   v2.0 | 20110126
   License: none (public domain)
```

```
*/
html, body, div, span, applet, object, iframe,
h1, h2, h3, h4, h5, h6, p, blockquote, pre,
a, abbr, acronym, address, big, cite, code,
del, dfn, em, img, ins, kbd, q, s, samp,
small, strike, strong, sub, sup, tt, var,
b, u, i, center,
dl, dt, dd, ol, ul, li,
fieldset, form, label, legend,
table, caption, tbody, tfoot, thead, tr, th, td,
article, aside, canvas, details, embed,
figure, figcaption, footer, header, hgroup,
menu, nav, output, ruby, section, summary,
time, mark, audio, video {
        margin: 0;
        padding: 0;
        border: 0;
        font-size: 100%;
        font: inherit;
        vertical-align: baseline;
}

/* HTML5 display-role reset for older browsers */
article, aside, details, figcaption, figure,
footer, header, hgroup, menu, nav, section {
        display: block;
}
body {
        line-height: 1;
}
ol, ul {
        list-style: none;
}
blockquote, q {
        quotes: none;
}
blockquote:before, blockquote:after,
q:before, q:after {
        content: '';
        content: none;
}
table {
        border-collapse: collapse;
        border-spacing: 0;
}
```

先程の全称セレクタでリセットするのと違い、要素を選んでリセットしている。

このように要素を選んでリセットするようになったのには理由がある。Eric Meyer 氏の Reset CSS の解説に添えられたコメントによれば、input、button、textarea などの form 関連の要素は、ブラウザで用意されたスタイルをそのまま活かしたいケースが多いからであるとのことだ。

これらの要素はブラウザがあらかじめスタイルを用意してくれており、さらにブラウザごとにそれらが微妙に異なっていたりするので、変にスタイルをいじるとおかしな見栄えになってしまったりすることがある。

具体的には一切余白がないボタンだったり、テキストの周りに余白が一切ないテキスト入力フォームが誕生してしまう。こういうことを避けるため、そのままにしておきたい要素には触れずに、必要なスタイルのリセットだけを行おうとしたのが Eric Meyer 氏の Reset CSS なわけである。

コードのコメントにある通り、パブリックドメインで配布されているため、自由に使える。

Base ルールを設計しよう

こんな normalize.css と Reset CSS であるが、この2つのうちのいずれかを Base ルールの土台として選ぶと、以降の CSS 設計が楽になる。

と言うより、実務的にガリガリ HTML と CSS を書いている人は皆、このような CSS のルールセットをどこから探してきて、CSS 設計時に使っていると思っておいて間違いない。このような、ベースのベースみたいな CSS ファイルを読み込ませ、それに加えて自身で土台としたい CSS のルールをいくつか追加し、Base ルールとするのがオススメの方法である。

さて、ではその自身で土台としたい CSS のルールとは何か？　それは例えば以下のようなものが挙げられる。

```
body {
  font-size: 1.3em;
  line-height: 1.6;
  font-family:
    "Hiragino Kaku Gothic ProN",
    "Hiragino Sans",
    Meiryo,
    sans-serif;
  background: #fff;
  color: #222;
}
em {
```

```
  font-style: normal;
  font-weight: bold;
}
strong {
  font-weight: bold;
  color: red;
}
```

　ここでは、Webサイト全体で基本とする文字サイズと行間、書体、文字色を指定。emは斜体にしたくないので普通のスタイルにし、strongはエラーなどの強い警告として使うので赤にするという風にしている。

　Blockを作るたびに同じ文字関連のスタイルを当てるのは手間だし、無駄が多い。日本語のWebサイトでは斜体が使われることはほぼないので、emはただのboldに、取り立て強い強調のstrongは常に赤に……

　という具合に、要素レベルで当てるスタイルがある程度決まっているのであれば、こんな風にBaseルールとしてスタイルを当ててしまう。

　そんな風にしてWebサイトの土台となるルール群をまとめたものをbase.cssなどというファイル名で保存し、reset.cssかnormalize.cssの後にこれを最初に読み込ませれば、Baseルールの完成。以降、効率的にBlockを書いていける。

　全体のルールを敷き、その上でBlockのコードを書いていくのだ。

normalizeかresetか

　こんな風に、Baseルールを作るのにお役立ちなnormalize.cssとReset CSSを紹介したが、つまるところどっちがいいのだろう？　という疑問が生まれるのではないだろうか。

　これは別にどちらがよいというものではなく、HTMLとCSSを書く人の設計ポリシーによる。デフォルトスタイルを活かしたければnormalize.cssだし、そうでない場合はReset CSSを選ぶのが基本的な考え方となる。

　筆者個人の経験では、デフォルトスタイルを活かしたまま実装を進めたことは一度もない。これは仕事の役割上、おおよそ完成されたデザインカンプをもとにHTMLとCSSを1から書くという機会が多かったからかもしれないが、そのようなケースにおいて、デザイナーの意図した余白と、デフォルト

スタイルで各々の要素に設定されているmarginが一致するということはほぼないように思える。少なくとも筆者は、ブラウザのデフォルトスタイルを意識しているデザイナーには出会ったことがないし、気にする必要もないと考えている。

　そんな風に、筆者にとってはmarginだったりpaddingがあらかじめ設定されていることは、実装上の妨げにしかならなかったので、常にデフォルトスタイルはまずリセットして消すというアプローチを選んできた。

　ただ、このあたりは個人の好みの問題とも思うので、読者のみなさんはやりやすい方を選べばよいと思う。複数のメンバーでCSSを書く際は、初めに意識を合わせておく必要があるだろう。

normalizeしてから軽くリセットする

　そんな風にデフォルトスタイルはいらない派の筆者ではあるが、Reset CSSをそのまま使っているわけではなかったりする。筆者のおすすめは、normalize.cssを読み込ませつつ、Baseルールとして、主要な要素をソフトにリセットすること。

　例えば以下のような感じである。

```
ul, ol, dd {
  margin: 0;
  padding: 0;
  list-style: none;
}
h1, h2, h3, h4, h5, h6 {
  margin: 0;
  font-size: inherit;
  font-weight: inherit;
}
p{
  margin: 0;
}
```

　端的に言えばReset CSSのような状態になるが、Reset CSSほど強くリセットはしていない状態を土台とする。

　それなら最初からReset CSSを使えばいいじゃないかというツッコミが入りそうだが、normalize.cssを選ぶのには理由がある。それは、normalize.cssの方がよくメンテナンスされているためである。

紹介した Eric Meyer's Reset CSS は、2011 年に書かれたもので、今から考えるととても古い。これに対し、normalize.css は 2018 年に最後の更新が行われている。本稿を書いている 2021 年からするとそれでも 3 年前だったりして最新とは言い難いが、こちらのほうがブラウザのバグを吸収するようなルールが書かれていたりする。

　筆者はブラウザ間のスタイルの差異がどうだということに時間を取られたくないので、よくメンテナンスされている normalize.css の方を選ぶ。そんなわけで、normalize.css を読み込み、その上でソフトなリセットをかけつつ、Base ルールを設計するのが筆者のオススメである。

　本書で紹介しているもの以外でも、CSS 設計方法論はたくさんある。また、Bootstrap や Bulma などという、CSS が含まれるフレームワークが多数存在する。そのようなところでも、この Base ルールのようなアプローチはごく当たり前に採用されている考え方であり、CSS を書くならまず知っておきたいところである。

　そういった所で使われている Base ルールを眺めてみるのもまた面白いので、ご興味があれば探してみるとよいだろう。

Bootstrap
https://getbootstrap.com/

Bulma
https://bulma.io/

SMACSS：Layoutルール

なるほど。まずはBaseルールを作るんですね〜。
よしOK！ Baseルール書いたよ！ では早速Blockを書いていこうか。
……とその前に、今回はSMACSSの「Layoutルール」を紹介する。

Blockを書くその前に

早速Blockを書こうとしたが、どうだろう。例えば画面の主要なナビゲーション。画面の左にあったり右にあったりするではありませんか。

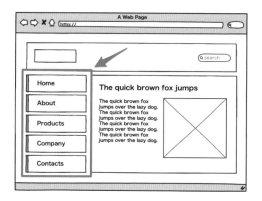

それにBlockを並べると言っても、<body></body>の直下にいきなりBlockを置くわけではないでしょう？ メインエリアとして幅を固定したり、左右に余白を付けたりしたいですよね？

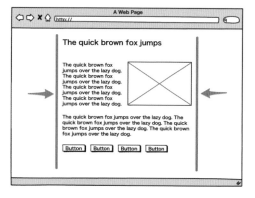

そんな風にするには、divなりmainなりをflexboxなんかで配置したり、marginやらpaddingやらを指定して中央に寄せたりなどする。こういった部分はどう考えればよいのか？ これはBlockでは

ないようだが……？

　SMACSSは、こういったレイアウトに関するルールを、「Layoutルール」と呼び、分類することにしている。

Layoutルールのコード例

　このLayoutルール、何ら難しいことはない。
　今例で挙げたような、レイアウトのためのルールをただ「Layoutルール」と呼ぼうというだけである。言ってみれば、**Blockを突っ込む箱**のためのCSSがLayoutルールである。

　早速コード例を挙げてみる。こんなレイアウトがあったとする。

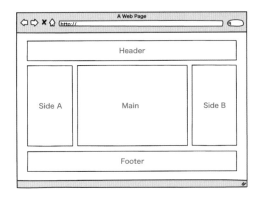

　ヘッダがあり、その下は左側にサイドエリアA、真ん中にメインコンテンツエリア、右側にサイドエリアB、そして最後にはフッタがあるという具合だ。

　よし画面のHTMLとCSSを書いていこう！となったら、Blockのコードを書くその前に、これらの**枠組み部分をまずは作り、その中にBlockを詰めていく**という流れで考えるとやりやすい。

　この枠部分、コードとしては例えば以下のようになる。

```
<header class="layout-header-area">
  Header
</header>
<div class="layout-body-area">
  <div class="layout-side-area-a">
    Side A
  </div>
  <main class="layout-main-area">
```

```
      Main
  </main>
  <div class="layout-side-area-b">
    Side B
  </div>
</div>
<footer class="layout-footer">
  Footer
</footer>
```

これらの要素を、flexboxなりgrid layoutなりで自由にレイアウトすればいい。

別にどうスタイルを当てろというのは決まっているわけではない。とりあえず、クラスを割り当てて、クラスセレクタでスタイルを当てていくのがシンプルだろうと筆者は考える。

```
.layout-header-area { ... }
.layout-body-area { ... }
.layout-side-area-a { ... }
.layout-main-area { ... }
.layout-side-area-b { ... }
.layout-footer-area { ... }
```

こんな風に枠部分を作ってから、中に詰めていく内容であるBlockを書いていくという流れでコードを書く。これがSMACSSが「Layoutルール」として分類しているCSSのルールである。

Layoutルールは基本的にはこれだけ。
自分もそういう風に書いてますよ。と感じられる方は多いのじゃないだろうか。
後は補足的な内容を書いていく。

idセレクタを使うべきか

ちょっと昔話っぽくなるが、このレイアウトのために配置した要素群、昔はid属性を付け、idセレクタを使ってスタイルを当てていくことが多かった。SMACSSの内容にも、「昔からレイアウトのための要素にはid属性が使われてきた」という旨の記述があるし、SMACSSに掲載されているサンプルコードも、レイアウト目的にidセレクタを使用している。

筆者自身もHTMLとCSSをずっと仕事で書いてきたが、2010年頃はみんなidセレクタでレイアウトを書いていたように思う。例えば先程の例であれば、以下のような感じである。

```
<header id="header-area">
  Header
</header>
<div id="body">
  <div id="side-area-a">
    Side A
  </div>
  <main id="main-area">
    Main
  </main>
  <div id="side-area-b">
    Side B
  </div>
</div>
<footer id="footer-area">
  Footer
</footer>
```

```
#header-area { ... }
#body-area { ... }
#side-area-a { ... }
#main-area { ... }
#side-area-b { ... }
#footer-area { ... }
```

　このように全体のレイアウトを定義するときにidを使っていたのは、以下のような理由があったからのように思う。

- それぞれのエリアが2度以上登場することはほぼないから
- 全体用レイアウトはidで定義することで他のCSSルールと分類する
- 大枠のエリアは、ページ内のアンカーリンク先として使用することも多い
- JavaScriptのフックとして利用することもまぁまぁある

　これらは、言われてみると確かにそうかもと思えるかもしれないが、一つずつ吟味してみれば、レイアウトのためにidセレクタを利用すべきであるという強い理由付けにはならない。

　筆者としては、idセレクタを使うことで発生するデメリットも存在するので、単純にクラスセレクタでスタイルを当てたほうがよいだろうと考えている。その理由は以下のようなことが挙げられる。

- idはJavaScriptのために使用したい（特定の要素を識別するのにid属性は便利）
- セレクタの詳細度が強くなってしまう（idセレクタの方がクラスセレクタよりも強い）
- 全体のレイアウト枠組みのような要素でも、タイミング的に2つ以上出現してしまうことがある

メインエリアのような枠組みの要素が2つ登場したりするのか？　そんなことあり得ないだろうと思われるかもしれない。しかし、例えば画面全体がフェードアウトし、次の画面がフェードインしてくるみたいなインタラクションを実装する場合、わずかな時間であるが、同じidの要素が2つ画面に登場してしまうということはあり得る。そんなことは滅多にないというのはそうなのだが、そうなった場合に書いたJavaScriptが動かない可能性はゼロではなく、その場合に不具合の原因を見つけるのは困難であることが予想される。そういう状況に遭遇してしまうのは、端的に言って辛い。詳細度の差が発生する問題も、ここまで本書を読んでくださっている読者のみなさんは理解できるであろうと思う。

　クラスセレクタを使ってレイアウトを組んでも何かしら目立ったデメリットはないことを考えると、わざわざトラブルの発生しそうなidをここに使う必要はないだろうというのが筆者の意見である。

BEMっぽくレイアウトを定義する

idセレクタを使わないのであればどう書くのか？

　筆者としては全体のレイアウトを一つのBlockとして、BEM的に考えるのをオススメしたい。先程の例だと例えば以下のような形にする。

```
<header class="global-layout__header-area">
  ...
</header>
<div class="global-layout__body-area">
  <div class="global-layout__side-area-a">
    ...
  </div>
  <main class="global-layout__main-area">
    ...
  </main>
  <div class="global-layout__side-area-b">
    ...
  </div>
</div>
<footer class="global-layout__footer">
  ...
</footer>
```

　global-layoutという名前のBlockが画面全体を表現し、各エリアをelementという扱いにするという具合である。

　これであれば、例えばメインエリアの以下のdivを目にしたとき、これは全体のレイアウトの一部

なんだということがひと目でわかる。

```
<main class="global-layout__main-area">
  ...
</main>
```

　SMACSS的には、レイアウト用のセレクタをどうせよという決まりのようなものはなく、設計のアイデアを紹介しているだけなので、このあたりは自分の好きなように書くとよいと思うが、BEMを採用してコードを書いているのであれば、このように書いてみると、他のコードとの親和性が高まるかもしれない。

粒度の小さいレイアウトに関するルール

　ここまでで「レイアウト」と呼んでいたのは、ヘッダだとかサイドバーだとかフッタだとか、全体に関するものを言ってきたわけだが、SMACSSでは、より小さい粒度のUIのレイアウトのための要素のことも「Layoutルール」と呼んでいる。それはどんなものか触れておく。

商品画像を並べるUIの例

　例えば以下のように商品画像と簡単な説明が並ぶようなケースを考えてみる。

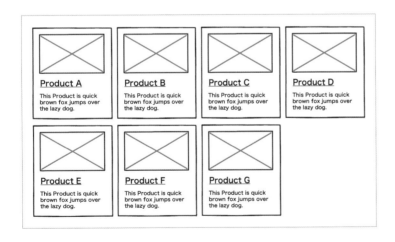

　このUIを表現するコードは、素直にBEMで書くと以下のようになりそうだ。

```
<ul class="product-list">
  <li class="product-list__item">
    <img class="product-list__img" />
    <a class="product-list__title" href="/path/to/item">Product A</a>
    <span class="product-list__note">This product is...</span>
  </li>
  <li class="product-list__item">
    <img class="product-list__img" />
    <a class="product-list__title" href="/path/to/item">Product B</a>
    <span class="product-list__note">This product is...</span>
  </li>
  ...
</ul>
```

全体で一つのBlockであり、中身はすべてElementという具合。これで何ら問題はないが、ここから、レイアウト部分だけを切り出してしまおうという考え方がある。

レイアウトを切り出した例

こんな風に何かをグリッド状に配置するパターンは、この商品画像を並べる以外にもよく登場するでしょう？ だったら、このBlockを以下のように2つに分けてしまおうという考え方だ。

● レイアウトの枠組み
● 中に入っている商品への誘導ブロック

この考え方に従うとすると、例えば以下のようなコードでこのUIの枠組部分だけを表現する。

```
<ul class="layout-grid">
  <li class="layout-grid__item">
    ここに他の要素が入る
  </li>
  <li class="layout-grid__item">
    ここに他の要素が入る
  </li>
  ...
</ul>
```

このlayout-grid Blockではflexboxだったりfloatなりを使い、ただ枠組みを作るだけ。これを配置したところで、何も画面上には表示されない。中身には好きなものを放り込んでくれればいい。このBlockでは関与しないという具合である。

このような、より小さい粒度の枠組みのことも、SMACSSでは「Layoutルール」と呼んでいる。

じゃあ中身はどうなるのか？ と言われると、BEM的にはこの場合だと別のBlockを入れるという構成で考える。このような、ひとつの画像とテキストがセットになった、独立したBlockである。

Blockの名前をproduct-nav-setとでもしておく。

```
<div class="product-nav-set">
  <img class="product-nav-set__img" />
  <a class="product-nav-set__title" href="/path/to/item">Product A</a>
  <span class="product-nav-set__note">This product is...</span>
</div>
```

そして、このBlockをlayout-grid__itemの中に、以下のように入れ込む。

```
<ul class="layout-grid">
  <li class="layout-grid__item">
    <div class="product-nav-set">
      <img class="product-nav-set__img" />
      <a class="product-nav-set__title" href="/path/to/item">Product A</a>
      <span class="product-nav-set__note">This product is...</span>
    </div>
  </li>
```

```
  <li class="layout-grid__item">
    <div class="product-nav-set">
      <img class="product-nav-set__img" />
      <a class="product-nav-set__title" href="/path/to/item">Product A</a>
      <span class="product-nav-set__note">This product is...</span>
    </div>
  </li>
  ...
</ul>
```

　なるほどこうすればグリッド状のレイアウトのCSSを何度も書かなくてもよくなって効率的だなと思われるかもしれない。

どちらがいいのか

　さて、この2通りの書き方、どちらがよいのだろうか。まとめて1つのBlockとするのか、レイアウト部分だけを別のBlockとするのか、ということである。

　このような流れで書くと、なるほど後者のように2つのBlockに分けたほうが効率的であるように感じられると思う。しかし、後者のコードは、前者のコードよりも複雑になっていることに気をつけてほしい。

　確かに似たようなグリッド上のレイアウトが多数登場するのであれば、このようにレイアウト部分だけを独立したBlockとして切り分けることで、似たようなCSSを何度も書かなくてよくなる。その代わりに、このUIを表現するために、2つのBlockを用意し、Blockを入れ子にしている。これはややこしい。書いたときはいいが、後からこのUIを変更しようと思った場合に気を使う必要がある。

　例えばグリッド間の余白を調節したいと考えたとき、このUI以外の部分にも影響を及ぼしてしまうことになる。これを「一気に変わって効率的！」と考えるか、「影響範囲がわからなくてつらいな……」と考えるかは、設計やデザインのポリシーが関係してくる。この問題については、第23回「もっとコンポーネント：Blockの入れ子」にて別途解説するので、ここではふ〜〜んそういうこともあるのね程度に捉えておいてもらって問題ない。

　ここではひとまず、このように、全体レイアウトのような大きなものではなく、メインエリアの内部で登場するようなレイアウトの制御についても、Layoutルールとして扱うという考え方があることを知っておいてほしい。

　今回はLayoutルールについて解説した。
　次回は引き続きSMACSSの「Themeルール」について見ていこう。

SMACSS：Theme ルール

今回解説するのは「Theme ルール」。今回でSMACSSの話は終わりである。

このThemeルール、いつも使うというわけではないが、考え方として知っておくのはほとんど必須だと筆者は考える。「何かしらの条件によりスタイルを変化させたい場合にどうすればいいのか」という視点を意識して読み進めていただきたい。

まずは基本として、テーマ機能のあるWebサイトの例を紹介し、次にその応用例を紹介する。

テーマ機能のあるWebサイト

Gmailのような、Webブラウザから使えるメールのサービスには、テーマを選択できる機能を持っていたりする。設定からテーマを切り替えると、背景色や色が変わったりする。こんな感じである。

「Themeルール」の「テーマ」というのは、基本的にはこのような、レイアウトだったり見栄えをガラッと切り替える仕組みのことを指すことが多い。

「こんな風に一気にレイアウトを変えるなんて大変そう！」と思う方はいるかもしれないが、このような機能は、CSSを利用すると比較的単純に実装することができる。

デフォルトのテーマ

その仕組みを、Gmailを例にして、ごく単純化して紹介する。実際のGmailの実装がここで紹介する実装のママではないだろうが、やっていることはおそらく似たようなことのハズである。

まずは、デフォルトのテーマが選ばれているとき。

このときのHTMLは以下。

```
<html class="theme-default">
<head>...</head>
<body>...</body>
</html>
```

html要素へtheme-defaultなどというクラスを割り当てておき、この場合のスタイルを以下のように当てる。

```
.theme-default body {
  color: black; /* 全体の文字は黒 */
  background: white; /* 全体の背景は白 */
}
.theme-default .main-column {
  background: white; /* メインカラムの背景は白 */
}
```

だいぶ適当だが、文字色が黒で、背景色が白という具合である。上に挙げたキャプチャのような表示は、このCSSにより実現されていると思ってほしい。

別のテーマが選ばれたとき

次に暗いテーマが選ばれた場合。

このときはhtml要素のクラス名をtheme-darkへと変える。

```
<html class="theme-dark">
<head>...</head>
<body>...</body>
</html>
```

そして、このtheme-darkというクラスを起点にし、子供セレクタなどを使い、このテーマが選ばれたときに変化させたいスタイルを書く。

```
.theme-dark body {
  color: white; /* 全体の文字は白 */
  background: black; /* 全体の背景は黒 */
}
.theme-dark .main-column {
  background: gray; /* メインカラムの背景はグレー */
}
```

するとどうだろう、htmlのクラス名を変えるだけで、文字色が黒から白に、背景色が白から黒へと、ガラッと画面のスタイルが変わるのだ。

他のテーマのときも同様に、html要素のクラス名を起点に、そのテーマが選ばれたときに適用させたいCSSのルールを書いていく。

```
.theme-dark body { ... }
.theme-blue body { ... }
.theme-flower body { ... }
```

ここでbackground-imageを割り当てれば写真を背景にできるし、UIごとに細かく色を指定してもいい。

こんな風に、**テーマ種別を示すクラスをhtmlなどのルートに近い要素に設定し、そのクラスを起点にスタイルを書き換えるようなCSSのルール**のことを、SMACSSではThemeルールと呼んでいる。

html要素のクラスをどんな風に切り替えるのかと言えば、別にそれはPHPなどのサーバーサイドのプログラムで切り替えてもいいし、JavaScriptを使って切り替えるのでもよい。そのあたりをどうするかはCSS設計の話の範疇外である。

このように、Webサイトにテーマ機能をもたせるのは、CSSにとっては結構単純な話だったりする。html要素のクラスを起点に子供セレクタでCSSを書くだけである。

テーマ機能の応用

CSSを使えば、こんな風にダイナミックな見栄え切り替えを一つのクラスを変えるだけでお手軽にできてしまうわけなんですね。CSSすごい！と思われる方はいるかもしれないが、冷静になって考えていただきたい。こんなテーマ機能を実装することってそんなにあるだろうか。

CSSの便利さをプレゼンするにはいいネタだろうが、実務でこういうことをするケースはそんなにないんじゃないだろうか。少なくとも筆者にとっては、10年以上Web業界にいて、1度か2度、やったことがあったようななかったような……というぐらいの頻度である。

ただこの「Themeルール」、テーマ機能を実装するという考え方ではなく、html要素のようなルートの、言ってみれば**グローバルなところで切り替えのためのキーを用意し、それに応じてスタイルを分岐させる**という視点で考えると、様々に応用が可能だったりする。

その有用な例としてはまず、多言語で展開するWebサイトでのスタイル調整が挙げられるので、これを紹介する。

言語ごとのスタイル分岐

例えば日本語と英語で展開するWebサイトを、一つのHTMLテンプレートで表現する場合、何も調整なしで両方の言語を綺麗に表示できるかと言われると、必ずしもそういうわけではない。この問題の解決にはThemeルールの考えを持ち込むのがわかりやすい。どういうことか見ていこう。

言語ごとにスタイルを調節したいワケ

なぜ言語ごとにスタイルを調整したいのか？ まずは以下を見ていただきたい。

```
<p>The quick brown fox jumps over……</p>
<p>彼は背後にひそかな足音を聞いた。それは……</p>
```

```
body {
  font-size: 16px;
  line-height: 1.6;
}
```

The quick brown fox jumps over the lazy dog. The quick brown fox jumps over the lazy dog. The quick brown fox jumps over the lazy dog. The quick brown fox jumps over the lazy dog. The quick brown fox jumps over the lazy dog. The quick brown fox jumps over the lazy dog. The quick brown fox jumps over the lazy dog. The quick brown fox jumps over the lazy dog. The quick brown fox jumps over the lazy dog. The quick brown fox jumps over the lazy dog. The quick brown fox jumps over the lazy dog.

彼は背後にひそかな足音を聞いた。それはあまり良い意味を示すものではない。誰がこんな夜更けに、しかもこんな街灯のお粗末な港街の狭い小道で彼をつけて来るというのだ。人生の航路を捻じ曲げ、その獲物と共に立ち去ろうとしている、その丁度今。彼のこの仕事への恐れを和らげるために、数多い仲間の中に同じ考えを抱き、彼を見守り、待っている者がいるというのか。それとも背後の足音の主は、この街に無数にいる法監視役で、強靭な罰をすぐにも彼の手首にガシャンと下すというのか。彼は足音が止まったことに気が着いた。あわてて辺りを見回す。ふと狭い抜け道に目が止まる。

これは同じ`font-size`と`line-height`が指定された状態の、英語と日本語の文章をただ並べただけであるが、アルファベットのほうが若干小さめに見えるのではないだろうか。

背景をつけてみた1行目を拡大して見比べてみるとわかりやすいかもしれない。

The quick brown

彼は背後にひそかな

アルファベットの方は、行の下端部分は文字の密度が高いが、上端部分は密度が低い。これに対して日本語の場合は、行の下端から上端までびっしり文字が詰まっており、アルファベットのような密度の差が少ない。

こんな風に、同じfont-sizeを指定しても、アルファベットと平仮名／カタカナ／漢字／ハングル文字では、画面上に表示される大きさとして、差があるように見える。これは、文字の種類ごとの特長の差なので仕方がない。

このような文字による違いを調整するため、font-sizeやline-heightを言語により変えたくなることがある。日本語の場合は、line-heightを広くしたり、英語の場合はfont-sizeを少し大きめにしたりしたくなるのだ。

そのほか、同じ言葉であっても、英語と日本語では、その文字の長さに差がある。

例えば、「商品名」は「Product Name」になるし、「姓」は「Family Name」である。ついでに言うと、英語の場合は単語の途中で基本的に折り返しを行わない。幅を固定したdivなんぞに長い単語を突っ込むと、無情にも単語は飛び出してしまう。

このように文字量や折返しルールの差があると、表組みが予想外に大きくなってしまったり、幅を固定した領域にコンテンツが収まらないようなことがある。そんなときは、要素の幅や余白を調節したりしたい。こういったケースに対応するには、先程テーマ機能の実装として紹介した方法を応用するのが効率的である。

:lang擬似クラスを利用した分岐処理

先程のGmailの例に倣うと、html要素にtheme-japanese、theme-englishというクラスを振るのか？と思われるかもしれない。それでも別に構わないのだが、html要素へ、言語を示すlang属性を振り、これをキーとしてスタイルを分岐させるとスマートに実装できる。

そのコード例を見てみる。以下は、セル幅を言語により変化させた例。

日本語では1列目と2列目を同じ幅にしたいが、

商品名	価格
ABC435	¥1,000

英語の場合は1列目を広くしたいとする。

Product Name	Price
ABC435	¥1,000

こんなときは、html要素のlang属性を、言語により以下のように切り替える。
日本語の場合はこう。

```
<html lang="ja">
<head>...</head>
<body>...</body>
</html>
```

英語の場合はこうする。

```
<html lang="en">
<head>...</head>
<body>...</body>
</html>
```

そして、表組みのHTMLは以下。まずは日本語の場合。

```
<table>
  <tr>
    <th class="product-name">商品名</th>
    <th class="price">価格</th>
  </tr>
  <tr>
    <td>ABC435</td>
    <td>¥1,000</td>
  </tr>
</table>
```

英語の場合は、「商品名」「価格」を「Product Name」「Price」にするとしたら、その部分のテキスト以外は何も変える必要はない。

```
<table>
  <tr>
    <th class="product-name">Product Name</th>
    <th class="price">Price</th>
  </tr>
  <tr>
    <td>ABC435</td>
    <td>¥1,000</td>
  </tr>
</table>
```

そして以下のようなCSSを読ませる。

```
/* 日本語の場合 */
html:lang(ja) th.product-name { width: 100px; }
html:lang(ja) th.price { width: 100px; }
/* 英語の場合 */
html:lang(en) th.product-name { width: 140px; }
html:lang(en) th.price { width: 60px; }
```

　ここでは、:lang擬似クラスを使い、html要素に指定されたlangを見て、widthを変化させるというルールを書いている。これで、ただhtml要素のlang属性を変えるだけで、スタイルもうまいこと調整されるという状態を作ることができる。

　html要素のlang属性を言語に応じたものにしておくのは、クライアントに言語が何かという情報を与えることになるため、HTMLとしても妥当な実装である。これを利用すれば、わざわざhtml要素へクラスを割り当てなくてもよくなるため、CSS設計との相性もよいと言えそうだ。

　前述したGmailのようなテーマ機能を実装するという機会よりは、このように多言語で展開されるWebサイトを実装するケースの方が圧倒的に多いのではないだろうか。そんなとき、このThemeルールの考え方を持っていれば、言語による差異をどう実装するかという問題に対し、ハッキリとした道筋を示せるハズである。

　まだそのような実装をしたことがなかったのであれば、転ばぬ先の杖として覚えておきたい知識であろうと筆者は思う。

ページの種類による分岐

他には、ページの種類による分岐をしたい場合にもThemeルールを応用できる。
例えば、こんなナビゲーションがヘッダにあったとする。

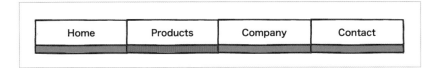

これはBEMの解説の中で使ったサンプルだが、このナビを見てわかる通り、このWebサイトは、以下のカテゴリに分かれている。

- Home
- Products
- Company
- Contact

このナビゲーションで、Productsのように、現在地表示をさせたいときにどうすればいいだろうか。現在の画面がProductsカテゴリに属する場合、Productsの下端を赤くしたいのである。

BEM的に言うと、ここはModifierを使うと解説した。以下のような感じである。

```
<ul class="header-nav">
  <li class="header-nav__item"><a>Home</a></li>
  <li class="header-nav__item header-nav__item--active"><a>Products</a></li>
  <li class="header-nav__item"><a>Company</a></li>
  <li class="header-nav__item"><a>Contact</a></li>
</ul>
```

```
.header-nav__item {
  border-bottom: 10px solid gray;
}
.header-nav__item--active {
  border-bottom-color: red;
}
```

Modifierであるheader-nav__item--activeを付けることで、そのナビが現在地になる。何も問題ないように思えるが、開発の現場ではこのような実装ができない場合がある。それはなぜか。

素直にModifierが使えないケース

　例えばこのWebサイトを何かしらのCMSに組み込んだとする。そのCMSでは、ヘッダは全画面共通にしなければならないらしいのだ。いや、正確に言えば、全画面共通にしなくても実装が可能ではあるのだが、その場合、カテゴリごとにヘッダのコードを分岐させなければならず、その実装がサーバーサイドで比較的大変であると。

　つまり、ここでheader-nav__item--activeというModifierを用意して現在地表示を行おうとすると、カテゴリの数だけヘッダのバリエーションが発生してしまうということになる。

Homeの場合は

```
<ul class="header-nav">
  <li class="header-nav__item header-nav__item--active"><a>Home</a></li>
  <li class="header-nav__item"><a>Products</a></li>
  <li class="header-nav__item"><a>Company</a></li>
  <li class="header-nav__item"><a>Contact</a></li>
</ul>
```

Productsの場合は

```
<ul class="header-nav">
  <li class="header-nav__item"><a>Home</a></li>
  <li class="header-nav__item header-nav__item--active"><a>Products</a></li>
  <li class="header-nav__item"><a>Company</a></li>
  <li class="header-nav__item"><a>Contact</a></li>
</ul>
```

　……という具合に。

　さらにどうだろう、フッターやサイドバーにも似たようなメニューが存在し、そこでも現在地表示をさせたいとなった。そうすると、フッターやサイドバーでも同じような処理を入れなければならなくなる。

　これはなかなか大変なことになってきた。そうなってくると、実装コストを鑑みると、ナビゲーションの現在地表示は諦めるか……みたいなことになってしまうかもしれない。

　このような状況で、BEMルールだから！と言ってHTMLとCSSの都合ばかりを押し付けるのは賢い解決方法ではない。こんなときは、Themeルールの出番である。

html要素のクラスを起点にスタイルを分岐

例えば以下のように、html要素へ、画面のカテゴリを示すフラグとなるクラスを付ける。

```
<html class="category-home">
...
</html>
```

そして、このcategory-homeという部分は、サーバーサイドにて、画面のカテゴリによって category-products、category-company、category-contactと切り替えてもらう。

肝心のヘッダ部分のコードは以下のようにする。

```
<ul class="header-nav">
  <li class="header-nav__item header-nav__item--home"><a>Home</a></li>
  <li class="header-nav__item header-nav__item--products"><a>Products</a></li>
  <li class="header-nav__item header-nav__item--company"><a>Company</a></li>
  <li class="header-nav__item header-nav__item--contact"><a>Contact</a></li>
</ul>
```

それぞれのheader-nav__itemへ、カテゴリを示すModifierをくっつけている。

そしてこのHTMLは、カテゴリごとに出し分けするのではなく、全画面共通で同じものを出力してもらう。さっきのようにカテゴリごとに分岐してもらわなくてもよいのだ。

ここで以下のようなCSSのルールを書く。

```
.category-home .header-nav__item--home,
.category-products .header-nav__item--products,
.category-company .header-nav__item--company,
.category-contact .header-nav__item--contact {
  border-color: red;
}
```

ちょっと長くてややこしいが、homeカテゴリの場合には1つ目、productsカテゴリの場合は2つ目、companyカテゴリの場合は3つ目、contactカテゴリの場合は4つ目のナビゲーションのボーダー色を赤にするというルールだ。

このルールにより、同一のHTMLでありながらも、カテゴリごとの現在地表示を適切に行わせることが可能になる。ヘッダ部分のHTMLの代わりにhtml要素のクラス名を切り替えてもらう必要はあるのだが、サイドバーやフッタにも同様に現在地表示をさせたい箇所があったりするのであれば、何

箇所ものHTMLを切り替えて出力してもらうよりも、html要素のクラスを切り替えて出力してもらう方が、サーバーサイドの処理としては圧倒的に楽だろう。

　こんな風にページのタイプを表現するクラス名をhtml要素に振り、これをフラグとしてスタイルを変化させることで、同一のBlockのコードでありながらも、スタイルを変化させることが可能になる。

Themeルールと Modifier

　さて、こんなThemeルール、すでに触れたとおり、BEM的にこれを実現するならば、Modifierという手法を選ぶことになる。BEMは、Blockの中で完結させる考え方。そういう視点からすると、このThemeルールはBEMのルールから外れたものと言える。どこかBlock外のクラスにより、Blockの内容が変化してしまう代物なのだ。

　慎重な考え方をすれば、Themeルールによりコードが複雑になりすぎないかを気にする必要はあると言える。実際、最後に挙げた現在地表示の例は、ある程度複雑である。流して読んでいるだけだと、よくわからないであろうと筆者も書いて思っていた。4つのカテゴリで現在地表示をするだけなのであればよいが、10個以上のクラスをhtml要素で切り替えながら、スタイルを細かく調整するみたいな状況にしてしまうと、それならModifierを使ったほうがよかったのではないか？　という気分になってくるかもしれない。

　しかしながら、例に挙げたgmailのテーマ機能だったり、多言語化の対応なんかについては、明らかにこのThemeルールを採用するのが、やりたいことを実現する一番の方法だろうと思われる。要件と相談し、適材適所で道具箱から出してきたい実装手法である。

* * *

　今回はThemeルールを解説した。
　初めに述べたように、「何かしらの条件によりスタイルを変化させたい場合にどうすればいいのか」という視点でThemeルールを捉えておくと、CSS設計の引き出しが広がるであろうと筆者は思う。

　たぶん、このあたりをうまく活かせると、「あの人にCSSを任せると色々すごい」感が出てくる気がする。

　今回でSMACSSの話はおしまい。より詳しく知りたい場合は、SMACSSのWebサイトをチェックしてみるのをオススメしておく。

ユーティリティクラス

今回紹介するのはユーティリティクラス。

ユーティリティクラスと言うのは、BEMベースの考え方で言うと「どこでも使ってOKな万能Modifier」だと思ってもらってよい。特定のBlockやElementに対して使うよう意図して作ったものではなく、どの要素に対しても使える、その要素のスタイルを変化させるクラスのことを「ユーティリティクラス」と呼ぶことがある。

万能Modifierなんて言うと、これはBEMの考え方の一部なのか？ と思われてしまうかもしれないが、そういうわけではない。このユーティリティクラスというアプローチは、ブラウザのCSSへの対応が進み、table要素を使わずともまともにレイアウトが組めるようになってきた頃からずっと存在している考え方だと思う。

このユーティリティクラスを使うか使わないかは個人の自由だが、CSS設計としては考慮しておかなければならない視点には間違いないと筆者は考える。

ユーティリティクラスとは

いきなり色々とごちゃごちゃ書いたが、実際のコードを見てもらった方が話が早いので、まずは例を示す。ユーティリティクラスというのはこんなものである。

```
.align-left { text-align: left; }
.align-center { text-align: center; }
.align-right { text-align: right; }
.align-top { vertical-align: top; }
.align-middle { vertical-align: middle; }
.align-bottom { vertical-align: bottom; }
.mb-1 { margin-bottom: 0.75rem; }
.mb-2 { margin-bottom: 1.5rem; }
.mb-3 { margin-bottom: 2.25rem; }
```

それぞれのクラスに対して、ほとんど単一のスタイルを割り当てただけのものだ。

ここで用意するスタイルがどんなものなのかに決まりはない。ほしいぶんだけ用意すればいい。これらのスタイルを、適用したいところで、その要素のクラスに指定する。もしすでにクラスが指定されている箇所では、追加のクラスとして指定する。これがユーティリティクラスと、その使い方である。

ユーティリティクラスの使用例

このユーティリティクラスを使った例をいくつか見てみよう。

テキストの寄せ位置調整

例えば以下のような感じで使う。

> 今日の会議で使うプロジェクタを倉庫から
> 出しておいてください
>
> 課長 田中太郎より

```
<p>今日の会議で使うプロジェクタを倉庫から出しておいてください</p>
<p class="align-right">課長 田中太郎より</p>
```

局所的に右寄せにしたいテキストが登場したので、右寄せにするユーティリティクラスを使っている。

marginの設定

> # 見出し
>
> 彼は背後にひそかな足音を聞いた。それはあまり良い意味を示すものではない。誰がこんな夜更けに、しかもこんな街灯のお粗末な港街の狭い小道で彼をつけて来るというのだ。
>
> 彼は背後にひそかな足音を聞いた。それはあまり良い意味を示すものではない。誰がこんな夜更けに、しかもこんな街灯のお粗末な港街の狭い小道で彼をつけて来るというのだ。

```
<h2 class="section-heading mb-1">見出し</h2>
<p class="common-paragraph mb-2">彼は背後にひそかな足音を……</p>
<p class="common-paragraph mb-2">彼は背後にひそかな足音を……</p>
```

この例では、それぞれの要素は単独のBlockになっている。それぞれのBlockの上下には余白が設定されていない状態だが、ブロック間の余白を設定するため、ユーティリティクラスを2番目のクラスとして指定したという例だ。

セルの寄せ位置

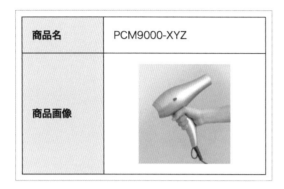

```
<table>
  <tr>
    <th>商品名</th>
    <td>PCM9000-XYZ</td>
  </tr>
  <tr>
    <th>商品画像</th>
    <td class="align-center"><img src="..." alt="..." /></td>
  </tr>
</table>
```

この例では、表内のセルの寄せ位置を制御するのにユーティリティクラスを使っている。基本的にセル内のコンテンツは左寄せにしていたが、部分的に中央寄せにしたいセルに対し、中央寄せにするalign-centerクラスを割り当てた例。

こんな風に、部分的にスタイルを変更したい箇所に対して使うのがユーティリティクラス。使い方はとても単純、そのスタイルを当てたい要素にクラスとして設定する。ただそれだけである。

!important

　このようなユーティリティクラスは、同じ詳細度のルールは、最後に読み込まれたものが勝つという仕様があるため、読み込ませるCSSの最後に書いたりされる。

　完全に純粋なBEMで書かれていれば、基本的にすべてのCSSルールは単独のクラスセレクタになっているであろうから、後に書いたセレクタが勝つだろうが、詳細度でユーティリティクラスのスタイルが負けてしまう場合、以下のように!importantをつけてスタイルを宣言したりしてもよいのではないかと筆者は考える。

```
.align-left { text-align: left !important; }
.align-center { text-align: center !important; }
.align-right { text-align: right !important; }
```

　ユーティリティクラスは部分的にスタイルを変えるために使うので、ユーティリティクラスで指定したスタイルを、さらに上書きするようなことは基本的に想定されない。なので、!importantを使うことでなにか問題が発生する可能性は低いハズである。

ユーティリティクラスのメリット

　こんなユーティリティクラス。何が嬉しいのか。ユーティリティクラスが便利なのは、**ちょっとしたスタイルの変更を、手軽に行うことができる**という点だろう。
　ここまでで挙げた例のように、ちょっとここだけ右寄せにしたいとか、余白を付けたいというとき、BlockやElementを意識しなくてもただ単にクラスを指定すればその通りになるというのはわかりやすい。

　BEM的に考えるのであれば、ここまで例として挙げた内容は、BlockやElementに直接スタイルを当てるか、もしくはModifierとして定義すべき内容となる。しかし、文字を右に寄せたり中央に寄せたりするのは、いろんなBlockの中でやりたくなることではないだろうか。
　例えば、表組みを含むBlockというのは多数登場する可能性がある。そんなとき、一つ一つのBlockについて、セルのElementに対する寄せ位置調整のModifierを定義してもいいが、同じようなModifierを延々と書いていかなければならないだろう。そんなときは、寄せ位置調整のユーティリティクラスを作るのも悪くない。Block間で共通のModifierを、ユーティリティクラスという全体共通の領域へと切り出しているという風に考えるとよいかもしれない。

　そんな風に、どこでも手軽に使えるのがユーティリティクラスのメリットであると言える。

ユーティリティクラスのデメリット

こんな風に書くと、ユーティリティクラスって便利！どんどん使おう！と思われるかもしれないが、デメリットについても注意しなければならない。ユーティリティクラスを使うデメリットとして挙げられるのは、**BEM的なコンポーネント指向の設計を崩してしまうところ**である。

そもそも、なんでBEMのような設計が支持されているのか思い出してほしい。ノールールで皆がCSSを書いてしまったら大変なことになる。書かれているCSSが、どの画面のどの部分の見栄えを定義するために書かれたのかわからない。自分が書いたbackground: redというルールが、どこか知らない画面にも影響してしまう。だからBlockという塊に閉じ込めて、他には干渉しないようにしようという考えなわけだ。

こんなBEMにとっては、このユーティリティクラスという存在、コンポーネント化のルールをぶち壊してしまう存在であることを、まずは念頭に置いてほしい。BEM的な設計を基本とするのであれば、ユーティリティクラスはあくまで例外的な処理であり、何でもかんでもユーティリティクラスでやろうとすれば、BEMで設計している意味はどんどん薄れていくのである。

余白も色も寄せ位置も文字サイズも、全部ユーティリティクラスとして用意し、これらを組み合わせて画面を作ることは可能である。しかし、そのように画面を作ってしまうと、コンポーネント内で完結させるというBEMのよさはどんどん失われてしまう。

ユーティリティクラスは使うべき？

そんなユーティリティクラス、だったら使うべき？　使わないほうがいいの？　と聞かれると、一概にどうというのは難しい。

筆者としては、BEM的な設計を基本とするのであれば、あまり多数のユーティリティクラスを用意することはオススメしない。例として挙げた、text-alignやvertical-alignを調整するユーティリティクラスを用意することはよくあるが、それ以上の役割をユーティリティクラスに持たせるかどうかは、要検討だと考えている。

先程、Blockのmargin-bottomをユーティリティクラスで設定している例を挙げたが、そのようにBlock間の余白を当てるための使い方はどうなのかというのは、余白の設計について書いた第13～15回にて触れる。

ほか、BEM的なCSS設計ではなく、ユーティリティクラスを中心として実装を行う、ユーティリティ

ファーストという考え方もある。これについても第24回にて解説する。

　そのあたりを読んでいただきながら、ユーティリティクラスをどの程度導入すべきか考えてもらえるとよいかと思う。

　ひとまず今回は、ユーティリティクラスというものがあるということ、どのように使うのか、何に気をつければよいのかを理解していただけると幸いである。

名前空間的接頭辞

今回は「名前空間的接頭辞」について解説する。

CSSを書いていると、他人の書いたCSSを混ぜなければならないという状況が発生する。作り終えたWebサイトに他の開発者が何かCSSを追加するかもしれない。もしくは何かしらのライブラリやUIフレームワークのようなものを実装時に組み込むかもしれない。画面に何かしらの変更をもたらす実装には、ほぼ必ずCSSが付いてくる。

内容が全くわからないCSSが足されるとどうなるか？ 自分の書いたHTMLへ、意図しないスタイルが適用されてしまったり、逆に自分の書いたCSSのルールが、意図しない場所に反映されてしまったりする。本書の最初の方、第2回「CSS設計がないと困ること」で書いた問題と全く同じである。

ルールの衝突

じゃあどうすればいいか、よしそれならBEMだ！ という流れでBEMを解説してきたのであった。

しかしBEMを採用したところでこれを完全に解決することはできない。例えば自分の書いたコードでエラー表示を行うalertという名前のBlockがあったとする。

> **エラーが発生しました**
> 暫く時間をあけてお試しください

```
<section class="alert">
  <h2 class="alert__title">エラーが発生しました</h2>
  <p class="alert__text">暫く時間をあけてお試しください</p>
</section>
```

```
.alert {
  padding: 1em 1.4em;
  border-radius : 10px;
  border: 1px solid red;
  background: #ffaaaa;
}
```

そこに別のCSSを混ぜたとき、そのCSSに以下のようなルールが書かれていたらどうなる？

```
.alert {
  background: orange !important;
}
```

もちろん自分の書いたalertというBlockの背景色がオレンジになってしまうわけである。

そんなことあるか？と思われるかもしれないが、そういう可能性は十分にある。例えば、著名なフレームワークであるBootstrapには、alertという名前のコンポーネントが用意されており、そのUIの実現のためにalertというクラス名が使用されている。

第12回

Bootstrap
https://getbootstrap.com/

Bootstrapで用意されているこのコンポーネント。

A simple primary alert—check it out!

A simple secondary alert—check it out!

A simple success alert—check it out!

この描画結果を得るには、以下のようなHTMLを書けばよい。

```
<div class="alert alert-primary" role="alert">
  A simple primary alert—check it out!
</div>
<div class="alert alert-secondary" role="alert">
  A simple secondary alert—check it out!
</div>
<div class="alert alert-success" role="alert">
  A simple success alert—check it out!
</div>
```

　Bootstrapではもちろん、alertというクラスに対してスタイルを当てているわけである。なるほど、自分でalertというクラス名を使っていたら、Bootstrapを読み込んだ時点でアウトなわけだ。
　この問題をどう解決すればいいのか？

ルール衝突の回避

　問題提起しておきながら、いきなり悲しいお知らせである。
　この問題の完璧な解決方法はないのだ。ただ、この問題がほぼ起こらないようにすることは比較的簡単にできる。
　それは、自分で定義するクラス名の頭に、何かしらの定形の文字列を付けることである。
　例えば書いているHTMLとCSSが、cssmaniaという名前のWebサイトのために書いているものであったのであれば、以下のようなクラス名にする。

```
<div class="cssmania-alert">
  <h2 class="cssmania-alert__title">エラーが発生しました</h2>
  <p class="cssmania-alert__text">暫く時間をあけてお試しください</p>
</div>
```

　クラス名の頭にはすべてcssmania-を付けるのだ。こうしておけば、alertというクラスに何かしらスタイルが当てられていても衝突は起こらない。普通に考えて、見ず知らずの他人がcssmania-という文字列をクラス名の頭につけている可能性はほぼゼロであろう。

　このcssmania-という、クラス名の頭につけている文字列を、本書では「**名前空間的接頭辞**」と呼ぶことにする。この「名前空間的接頭辞」という言葉、世間一般で広く使われている言葉ではなく、筆者がこの原稿を書きながら考えた言葉というだけである。

名前空間的とはどういうことか：JavaScriptの場合

「接頭辞」はわかる。頭につけるヤツ。けど、「名前空間的」ってのは何か？ について軽く触れておく。

とりあえずJavaScriptで似たようなことをする例を見てほしい。JavaScriptをよく知らない読者には申し訳ないが、非常に基礎的なJavaScriptなので勘弁していただきたい。

まず、以下のようなコードを書き、実行した。

```
var name, age;
name = "太郎";
age = 18;
alert(name);
alert(age);
```

変数nameには"太郎"を入れ、 ageには18を入れている。この2つの変数をalertすれば、「太郎」「18」と表示される。当然の結果だ。

名前が太郎で年齢が18というつもりなわけであるが、ここにもう一人の情報も追加する。

```
var name, age;
name = "太郎";
age = 18;
name = "花子";
age = 16;
alert(name);
alert(age);
```

追加したのは花子。年齢が
16である。ここで先ほどと同じ
ようにalertする。するとどう
だろう。

「花子」「16」と出た。

このように書くと、nameには"花子"が、ageには16が代入され、このように表示された。それは
いいのだが、困ったことに、これでは太郎の情報が全く参照できなくなってしまう。変数nameとage
には、花子の情報が代入されたため、太郎18歳の情報は上書きされ、消えてしまったのだ。

さぁどうするか。以下のように書けば、太郎と花子の情報を別々に保存しておける。

```
var person1 = {
  name: "太郎",
  age: 18
}
var person2 = {
  name: "花子",
  age: 16
}
alert(person1.name);
alert(person1.age);
alert(person2.name);
alert(person2.age);
```

この実行結果は次のようになる。

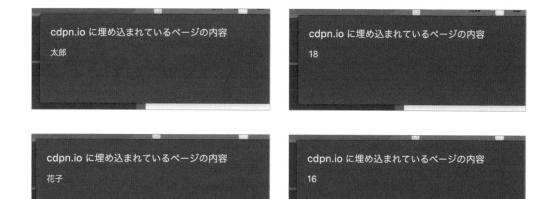

　このコードでは、person1というオブジェクトと、person2というオブジェクトを作り、それぞれの
プロパティとしてnameとageを指定している。JavaScriptを知らない人向けに軽く補足しておくと、
太郎向けにperson1、花子向けにperson2という箱を用意したと想像してもらえるとよい。

　nameとageという情報はあるが、太郎のそれと花子のそれは別なので、別の箱にしまったという具
合だ。このperson1とperson2が、名前空間的な役割を果たしている。

　JavaScriptには名前空間という概念は存在しないが、上記でperson1とperson2が果たしている役
割というのは、他の言語における名前空間と大体同じものである。

　同じ名前の情報があっても、それが別の箱に入っているかのように、領域を分けてくれる仕組み。
だから「名前」「空間」。そして、JavaScriptには言語的に名前空間という仕組みがあるわけではない
ので、「名前空間的」という表現をした。

名前空間的とはどういうことか：CSSの場合

　急にJavaScriptの話になってしまってスミマセン、CSSの話に戻る。

　さて、CSSでは今JavaScriptでやってみせたようなことは残念ながらできない。しかし、この実装
を意識した書き方はなんとか可能である。それが前述した、クラス名の頭にcssmania-を付けるとい
う方法である。

　今の太郎花子の例を若干無理矢理CSSにすると以下のようになる。

```
<!-- 太郎 -->
<div class="name"></div>
<div class="age"></div>
<!-- 花子 -->
<div class="name"></div>
<div class="age"></div>
```

```
.name::before { content: "太郎"; }
.age::before  { content: "18"; }
.name::before { content: "花子"; } /* このルールが採用される */
.age::before  { content: "16"; } /* このルールが採用される */
```

この描画結果は右のようになる。

花子
16
花子
16

　これだと後から書いた3つめ、4つめのセレクタの内容が、最初の2つのセレクタの内容を上書きしてしまう。なので、「太郎」「18」は描画されない。

　こんなときは、以下のようにすれば衝突しないというわけだ。

```
<!-- 太郎 -->
<div class="person1-name"></div>
<div class="person1-age"></div>
<!-- 花子 -->
<div class="person2-name"></div>
<div class="person2-age"></div>
```

```
.person1-name::before { content: "太郎"; }
.person1-age::before  { content: "18"; }
.person2-name::before { content: "花子"; }
.person2-age::before  { content: "16"; }
```

この描画結果はこのようになる。ちゃんと「太郎18」も「花子16」も表示される。

```
太郎
18
花子
16
```

　あぁ、なんて原始的な解決方法……と、まぁ他のプログラミング言語を触っている人なら思ってしまうかもしれないが、CSSには他のプログラミング言語が持っているような仕組みの多くが備わっていない。原始的ではあるが頑張って問題の解決を試みたのが、BEMであったり、この名前空間的接頭辞であると考えてもらえるとよいかもしれない。

　BEMにおいて、Elementの名前がBlockの中だけで被らないようにすればよいのも、クラス名において、Block名を名前空間的に使っているという風に考えることができる。

名前空間的接頭辞をどう使うか

　さて、ここまでで色々と書いてきたが、端的に言えば、「**頭に`cssmania-`みたいな接頭辞をつけたクラス名にしたら安全、他とかぶることはそうそうないですよ**」ということである。

　では、この名前空間的接頭辞、接頭辞としてどういう文字列を使ったらいいのかというのを、5つほど例示してみる。

　1. プロジェクト名
　2. BEMのBlockであることを示す文字列
　3. ルールのカテゴライズを示す文字列
　4. どの画面で使われているのかを示す文字列
　5. 機能名称を示す文字列

の5つである。

1. プロジェクト名

　まず1つ目は、プロジェクト名を名前空間的接頭辞に使い、そのプロジェクトに属するコードであることを示す方法。先程から例に出している cssmania- というような文字列を名前空間的接頭辞として使うのである。

　喫茶店の Web サイトだったら coffeeshop- や cs-、本屋の Web サイトであれば bookstore- や bs- などという具合で接頭辞を決め、とりあえずすべてのクラス名の頭に付けておく。

　とりあえずこれをやっておくだけでも、前述した「alert というクラスが被ってしまった！」みたいなことはほぼ起こらなくなる。Bootstrap を読み込んでもへっちゃらである。衝突を防ぐという意味では、これをやっておくだけでもだいぶ安心感がある。

2. BEM の Block であることを示す文字列

　2つめは、BEM の Block 配下すべてのクラスの頭に b- をつけ、それが BEM のものであることを示すというもの。

　SMACSS の Base ルール、Layout ルール、Theme ルール。そしてユーティリティクラスを紹介したが、そういうものは BEM の外側の話である。そういうコードと区別するという意味でも、BEM で設計された要素のクラス名には、頭に b- をつけておくという具合だ。

　先程の alert という Block であれば以下のようになる。

```
<div class="b-alert">
  <h2 class="b-alert__title">エラーが発生しました</h2>
  <p class="b-alert__text">暫く時間をあけてお試しください</p>
</div>
```

　これもプロジェクト名同様、衝突を防ぐという意味において意味があるだけでなく、チームメンバーに対してコードが示したい内容が伝わるという意味で、意味のある接頭辞だと筆者は考える。

3. ルールのカテゴライズを示す文字列

　3つ目は、2つ目の延長ではあるが、BEM で設計された部分以外のクラス名にも、そのクラスのカテゴライズを示す接頭辞をつけようというものである。

　BEM のクラスへ付けるのは b- だ。であれば、Theme ルールなら theme- や t-、Layout ルールなら layout- や l-、ユーティリティクラスなら util- や u- という接頭辞を用意してみる。

これを適用すると、例えば以下のようなHTMLになる。

```
<html class="theme-dark">
...
<div class="l-sidebar">
  <nav class="b-sidenav">
    <ul class="b-sidenav__list">
      <li class="b-sidenav__list-item"><a>About</a></li>
      <li class="b-sidenav__list-item u-text-bold"><a>Products</a></li>
      <li class="b-sidenav__list-item"><a>Company</a></li>
      <li class="b-sidenav__list-item"><a>Contact</a></li>
    </ul>
  </nav>
</div>
...
```

このコードを理解するのは、CSS設計についてある程度理解していることが前提となるものの、どのクラスがどういう意図を持って付与されたのかをひと目で知ることができる。より構造を理解しやすいコードになっていると言えるのではないだろうか。

4. どの画面で使われているのかを示す文字列

4つ目は、そのBlockがどの画面で使われているのかを示す文字列を接頭辞にするというものである。

トップページでしか使われないBlockにはtop-、商品情報ページでしか使われないBlockにはproducts-、会社情報でしか使われないBlockにはcompany-という具合に、ページ名やサイト構造上のカテゴライズを接頭辞で示す。

例えば以下のBlockは、会社情報でしか使わないことがわかっているとする。

だったら以下のようなコードにする。

```
<div class="company-member-profile">
  <h3 class="company-member-profile__title">田中 太郎</h3>
  <img class="company-member-profile__photo" />
  <div class="company-member-profile__text">
    <p>私はこの会社に2018年に入社して以来、多くのプロジェクトに……</p>>
    <p>この会社の魅力だと思う点は、なんといっても福利厚生……</p>>
  </div>
</div>
```

company-が付いているから、会社情報で使うBlockなんだと理解できるわけだ。

ひとくちに再利用されるものをBlockにすると言っても、あらゆるBlockをサイト全体で使うわけではない。例えば、トップページでしか使わないカルーセルであったり、お問い合わせページでしか使わないフォームがあったりするのは自然なことだ。

そのようなBlockには、このように画面名を示す接頭辞を付けてしまう。そして、Webサイトのどこでも使うようなBlockにはcommon-やshared-などという接頭辞を付ける。

こんな方法でクラス名に接頭辞を付けていけば、それぞれのBlockがどこで使うことを意図して用意されたものかを素早く判断できるようになる。

5. 機能名称を示す文字列

5つ目は、その機能を示す文字列を接頭辞とするパターン。

例えばツールチップを手軽に実現できるTippy.jsというライブラリがある。

Tippy.js
https://atomiks.github.io/tippyjs/

このライブラリを使うと、このようなツールチップを手軽に表示させることができる。

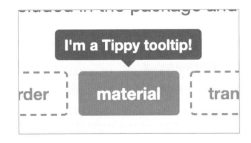

このように、画面になんかしらの描画を行うためには、HTMLを画面に突っ込まなければならない。このTippy.jsは、ツールチップ部分のHTMLとして、以下のようなHTMLを画面内に追加する。

```
<div data-tippy-root>
  <div class="tippy-box" data-placement="top">
    <div class="tippy-backdrop"></div>
    <div class="tippy-arrow"></div>
    <div class="tippy-content">My content</div>
  </div>
</div>
```

見てわかる通り、すべての要素のクラス名はtippy-で始まっている。そして、Tippy.jsでは、これらのクラスを起点にしてスタイルを当てるCSSを用意しているのである。

```
.tippy-box { ... }
.tippy-backdrop { ... }
.tippy-arrow { ... }
.tippy-content { ... }
```

このように機能名称を示す文字列を接頭辞とすることで、その機能の外側に、用意したCSSが影響しないようにしているわけだ。これなら、見ず知らずのプロジェクトに組み込まれても、問題が起こる可能性はほとんどない。

・

こんな風に、名前空間的接頭辞の使い道は色々とあったりする。

名前空間的接頭辞を使うべき？

こんな名前空間的接頭辞であるが、使うべきか否か。

筆者としては、基本的に何かしらの接頭辞を使うことをオススメしたい。

いくつか接頭辞の例を挙げたが、そんなに意気込んで接頭辞を考えなくとも、とりあえずプロジェクト名を示すcssmania-みたいな接頭辞や、BEMであることを示すb-なりを付けておくだけでも、だいぶ安心感がある。

そんなに慎重になる必要あるか？ と思われるかもしれないが、チームで開発をしていたり、いずれ

自分の手から離れる可能性のあるコードなのであれば、「こんな風にクラス名の頭に何か付けておかないと、知らないスタイルが当たってしまうのではと心配で夜も眠れない！」というぐらいの慎重さを、CSSを書く人には持っておいてもらえるといいんではないかと筆者は考える。

「他の人が書くCSSなんて混ざりませんよ。いじってるの自分だけですから」と、プロジェクト開始当初は思うかもしれないが、ある日突然、このライブラリを使いたい、このUIフレームワークを一部で使いたいなどということが発生し、他のCSSがぐちゃぐちゃと混ざってくるということは全然有り得る話なのである。

そういう外部のコードが、お行儀のよい、他に干渉しないように気を使って書かれているという期待は、基本的に捨てていただきたい。例に挙げたTippy.jsのように、スタイルが干渉しないように気を使って書かれていたら、それはありがたいことだ。しかしそれは、そのライブラリの出来次第なのである。非常に知名度が高いBootstrapだって、alertなんていう、誰もが使いそうなクラス名を平気で使っていたりするわけで。

名前空間的な接頭辞を付けたところで、完全にルールの競合が防げるわけではない。しかし、その考えもなしにコードを書いていけば、知らないうちにルールが競合してしまうという悲惨な未来が待っているかもしれないことは覚えておくべきだろう。

Block間の余白の設計：前編

ここまでで、BEMに引き続き、BEM外の設計Tipsのようなものを色々と紹介してきた。今回から3回に分けて、余白についてどう考えたらよいのかを解説する。

よし、BEMを理解したぞ。そしてレイアウトやユーティリティクラスやらもわかった。向かうところ敵なしだ……！と思うかもしれないが、実際にコードを書いていくとまだまだ悩ましいところが出てくる。
その一つが余白の問題である。これはCSS設計の話として話題に挙がることがあんまりない気がするのだが、それは、この問題をCSS的にどう考えるというよりかは、デザインとしてどのように考えるべきであるかという話だからかもしれない。
当然、デザインとして余白を考えるかは必要……というか、デザインと実装のどっちの話かと言われたらデザイン側の話であろう。しかし最終的な成果物にするのは実装側の仕事であり、設計された余白は、実装可能なものになっていなければならない。

この余白の問題、悩んだ場合はとても時間を食われるし、この問題に陥ったときは時既に遅し。最初から考えておかないと軌道修正が難しい問題だったりするので、常に気にかけるべき話と筆者は考える。

余白の問題というのはどういうことか

余白余白と、何のことを言っているのかと感じている読者の方は多いと思うので、まずは、どういう困ったことが発生するのかを、ごく単純な例で紹介する。

ここで言う余白は、主に縦方向、取り立ててBlock間の余白についてである。横方向の余白についてはここから先で解説するような話は関係してこないので、切り分けて考えると理解しやすいのではないかと筆者は考える。

横の余白と縦の余白は別物として考える。あくまで筆者の考えではあるが、たぶん実装としてはそういう認識でいる方が色々と都合がよいと思う。

Block間に余白のあるデザイン

まず、こんなデザインがあったとする。

Entry Title

The quick brown fox jumps over the lazy dog. The quick brown fox jumps over the lazy dog. The quick brown fox jumps over the lazy dog. The quick brown fox jumps over the lazy dog. The quick brown fox jumps over the lazy dog.

▶ AX2234: specification
▶ AX2235: specification
▶ AX2236: specification

このデザインを表現すべく、BEMっぽくコードを書いたとする。

```
<h1 class="entry-title">Entry Title</h1>

<!-- Blockの間 -->

<p class="paragraph">The quick brown...</p>

<!-- Blockの間 -->

<div class="media">
  <img class="media__item" />
  <img class="media__item" />
</div>

<!-- Blockの間 -->

<ul class="nav-list">
  <li class="nav-list__item"><a>AX2234: specification</a></li>
  <li class="nav-list__item"><a>AX2234: specification</a></li>
  <li class="nav-list__item"><a>AX2234: specification</a></li>
</ul>
>
```

このとき、このBlockとBlockの間にある領域をどうするかというのがなかなか悩ましい。どうするか。

余白の設定例

どうするのかって、まぁ見た通り、間が空いているわけなので、marginやらpaddingやらをどこかに指定するわけなのであるが、このやりようが色々とある。本稿ではこの空いている領域のことをBlock間の「余白」と呼ぶことにする。

今挙げた例について、Block間の余白を右図のようにオレンジの矩形で示してみる。

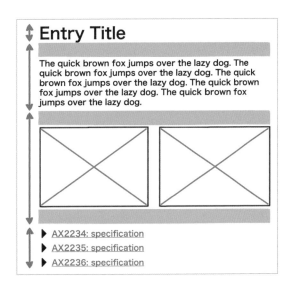

例えばここで、以下のようにそれぞれのBlockに余白を設定したとする。左側に置いた矢印が、そのBlockに指定されたmarignやpaddingがレイアウトに影響を及ぼす範囲、つまりそのBlockが占める領域であると考えてほしい。

以下、上から順に、図と見比べていってほしいのだが、それぞれ、以下のようになっていると想像していただきたい。図の左端にある矢印は、そのBlockと、そのBlockに指定されているpaddingが及ぼす範囲を示している。

- ● entry-title：見出し
  上下にpaddingなし
- ● paragraph：段落
  上にpaddingが指定されている

- media：画像
  上下にpaddingが指定されている
- nav-list：ナビゲーションのリスト
  上下にpaddingなし

なるほど、この画面においては、これで問題なさそうである。

余白の設定が噛み合わなくなる

ところが、他の画面では以下のように、paragraphとmediaが逆になるパターンがあった。

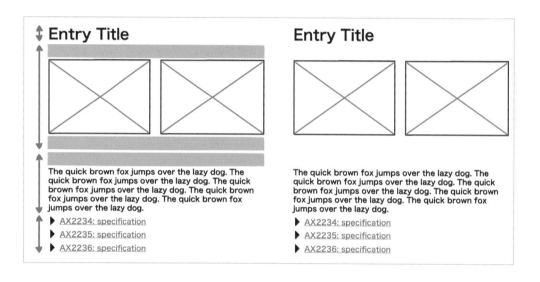

するとどうだろう、mediaとparagraphの間の余白は、オレンジで示した余白2つ分の高さになってしまいガラ空き。そして、その後に続くnav-listは上下に余白を設定しておらず、paragraphの下にも余白を設定していないため、間がきっちり詰まってしまうという結果になる。

「いやいやいや、普通はそんな風にpaddingを指定しないですよ」と思われるだろうか。確かにそうかもしれないが、このようなBlock間の余白について大して考えを巡らせていなければ、大なり小なりこのような問題は発生してくる。**Blockの順番が変わったり、間に何か別のBlockが入ってくると、空きすぎたり詰まりすぎたりする箇所が出てきてしまう**のだ。

114

他人のコードを触る

あなたが他人の書いたCSSを触ることになったとする。そして、とあるBlockにmargin-topが付いているのを見かける。

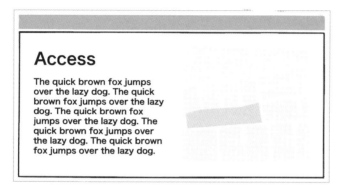

これは明らかにBlock間の余白を取るために設定されたもののように思われる。しかし、それは自分の作る画面においては邪魔なものであった。この余白を消したい。

このmargin-topをどうしたらいい？ 消してしまうか？ いや、やはり消すとどこかでレイアウトが崩れるだろうか。この答えを探すには、方法は一つ。**そのBlockが使われている箇所をすべて確認しなければならない**。普通にHTMLを書いていたら、残念ながらこうするしかない。

こんな風にして、どの要素にどの方向でpaddingやmarginを指定し、Blockの間の余白を表現したらいいのかを延々と悩むことになり、開発者の時間は過ぎていくのである。これが今回問題として挙げている、余白設計の問題である。

余白の設計

この余白の問題、どうしたらいいのか。筆者としては、この問題に陥らないためには、余白に関する設計の指針が必要不可欠と考えている。何をどこまでやりたいのかにもよるが、**シンプルな余白設計にすることで、開発効率や運用の面ではよい結果を得られる**ことが期待できる。

その「余白の設計」というのはどういうことを指すのかを解説していく。

単純すぎる余白の設計

まずはごく単純に考えてみよう。「すべてのBlockの間は30pxにする」みたいなルールにするとしたらどうだろうか。

 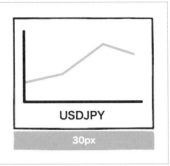

そのようなルールでコードを書くと決めたのであれば、とあるBlockに`margin-bottom: 30px`が指定されているのを見かけた場合、この意味に悩むことはなくなるだろう。どのBlockの下にも`margin-bottom: 30px`。これでBlock間の余白を表現する。これは非常にシンプルでわかりやすい。

しかし、そんな単純なルールでWebサイトのデザインが成り立つだろうか。あらゆるBlockの間が30pxだと、間が空きすぎてスカスカに見えてしまうんじゃないだろうか。きっとそれでOKというデザイナーはいないと思う。

余白にバリエーションをもたせる

なんでそれじゃダメなのか？ ここから先は、デザインとして余白をどう扱うかという話になってくるが、基本的には、Block間の余白をコントロールすることで、コンテンツ同士の関わりや、文書のリズムを表現したりしたいのである。まぁ、なんのためにというのは実装という側面からすると範疇外かもしれないが、それを理解するのは重要なことである。

ではどうしよう。先程から挙げている例でいうと、例えば右図のように、変化を与えたい箇所の余白として30px以外の値を選んだりするのだ。

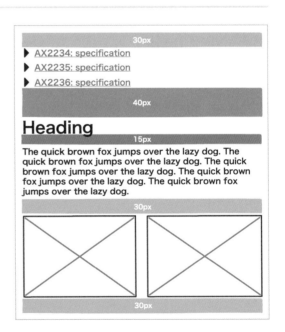

変化をつけて、ユーザーがコンテンツを把握しやすいようにデザインする。しかし、これが自由すぎてもいけない。ルールを考える。自由に余白を一箇所一箇所指定することを100%拒否するわけではないのだが、大量の画面を作成する場合、あらゆる箇所について余白を一箇所一箇所考えていく方法だと、膨大な手間がかかってしまうことを認識しなければならない。こんな場合、筆者的には、多様すぎないバリエーションの余白を用意し、どういうルールでBlock間の余白を設定するのかという、余白の設計をするのがオススメである。

　その余白設計の考え方の一つとして、余白のバリエーションをあらかじめ決定するという方法がある。まずは何パターンかの余白を用意し、新しくBlockを配置する際、その上下の余白は、このバリエーションの中から選ぶのだ。このとき、既存の余白バリエーションでは足りないと感じたら、新しい意味合いを持つ余白のバリエーションを追加するという具合だ。

　そういった考え方なしに、何も考えず、「この部分はもうちょっと空けたいので32pxに……」「なんとなくここはもうちょっと詰めたいので27pxに……」と、都度都度余白について決定していったらどうなるだろうか。そのCSSに書かれている`margin-bottom: 32px`の意味を後から汲み取るのは困難であるし、新しくBlockを追加する際にも、このBlockの下や上に何ピクセルの余白を設定すべきか、あらゆる箇所で考えなければならなくなってしまう。

デザインと実装を一緒に考える

　こんな話、もはやデザインの話では？ と言われればまぁその通りである。しかし、これはデザインの話であると同時に、実装の話でもあるのだ。これを解決するには、コードの設計とデザイン上のルールを一緒に考えていく必要がある。

　とは言え、「そうですね、なのでデザイナーと相談して下さい」「実装の話ではないのです」というのは、書籍の内容としては丸投げすぎる。なので、ここからは、筆者は今までこんな感じで余白を考え、設計してきたという例を紹介する。

　筆者がこう考えてきたというよりは、筆者が様々なプロジェクトを通じて、デザイナーと一緒に、だいたいこんな感じで考えてきたという例である。筆者も、別にこれがベストな方法だとは全く思わない。あくまで一例として捉えてほしいが、自分で余白のことを考える際の参考にしていただければと思う。

余白の方向

まずは、余白の方向について。Blockの上と下、どちらに余白を設定すべきであろうか。上と下につけられるのだから、選択肢は以下の3択である。

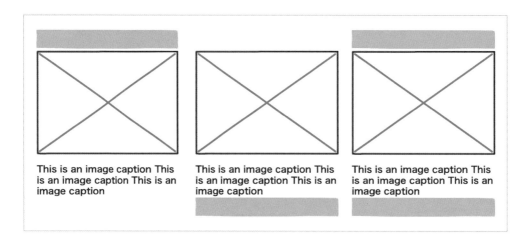

- A：Blockの上に余白を設定する
- B：Blockの下に余白を設定する
- C：Blockの上下に余白を設定する

CSS では、paddingやらmarginやらを設定することになる。どれがベストなのであろうか。

この3択について、筆者は常にBを選んできた。しかしAでもよいと思う。上か下のどちらかを決め、その方向に余白を設定していくことをオススメする。上下どちらにも余白を設定していくのだけはオススメできない。それは複雑になりすぎるためだ。

もしかしたら、上下どちらにも余白を設定するルールでも素晴らしい余白設計ができるかもしれないが、筆者の脳みそでは、それは難しすぎるという判断をしている。基本は下、もしくは上のどちらかに統一し、例外的に逆方向に余白を設けることがあるというぐらいの塩梅がオススメである。

では上と下のどちらがよいのであろうか？ これについては色々と細かいメリット／デメリットの差があるが、筆者としては下に余白を設定したほうが直感的だと感じているので下を選んでいる。
どちらかと言えば上側で余白を考える開発者の方が多いというのが筆者のイメージだが、このあたりは自分のやりやすい形でよいと思う。そして、デザイナーと相談して決定するべきことである。自分は下方向で考えていたのに、デザイナーは上方向で考えていたみたいな状況は混乱を生むため、ある程度の意思疎通を図って進める必要がある。

余白のバリエーションを決める

　上か下かを決めたら、次は基本的なBlock間の余白を決める。これを例えば30pxとしよう。これを基本的なBlockの余白として考える。ただ単純にBlockを並べたときは、間に30pxの余白が設けられるようにするのだ。この基本の余白である30pxを、M（Medium）サイズの余白と考える。

　先程軽く触れたように、これだけだと単純すぎるかもしれない。なので、この30pxを基準にし、意味に応じた余白のバリエーションを追加していく。

見出しの下余白

　例えば、筆者がこれまで携わってきた仕事だと、見出しの下には狭い余白を設定することが多かった。見出しのすぐ下は、その内容と紐づく内容との関連性を表現するため、狭い余白を設定したほうが見やすくなることが多いように思われる。そういうわけで、30pxの半分である15pxの余白としよう。

　この15pxの余白をS（Small）サイズの余白と考えることにする。

見出しの上余白

　見出しというのは、そこからその見出しで表現されるテキストについての内容が始まるわけなので、そこまでのコンテンツとの一つの区切りであると考えられる。これを表現するため、上には余白を広めに取りたいということが多かった。この余白を40pxとしよう。

Heading Lv1

15px

The quick brown fox jumps over the lazy dog. The quick brown fox jumps over the lazy dog. The quick brown fox jumps over the lazy dog. The quick brown fox jumps over the lazy dog. The quick brown fox

30px

Heading Lv2

15px

The quick brown fox jumps over the lazy dog. The quick brown fox jumps over the lazy dog. The quick brown fox jumps over the lazy dog. The quick brown fox jumps over the lazy dog. The quick brown fox

30px

Heading Lv1

15px

The quick brown fox jumps over the lazy dog. The quick brown fox jumps over the lazy dog. The quick brown fox jumps over the lazy dog. The quick brown fox jumps over the lazy dog. The quick brown fox

40px

Heading Lv2

15px

The quick brown fox jumps over the lazy dog. The quick brown fox jumps over the lazy dog. The quick brown fox jumps over the lazy dog. The quick brown fox jumps over the lazy dog. The quick brown fox

30px

この40pxをL（Large）サイズの余白と考えることにする。

コンテンツ区切り目の余白

ヒーローエリアと呼ばれるような、大きくビジュアルを打ち出したい箇所がある。この下部は、後続するコンテンツとの区切りをつけたいので、広めの余白を取りたい。

ここも40pxのLサイズの余白を設定しよう。

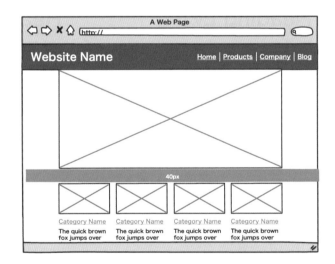

余白のバリエーションを増やしすぎない

……そんな風に部分部分で余白を考えていくわけだが、ここまでで、以下の3つの余白のバリエーションが登場している。

- S（15px）：見出しの下など、後続するコンテンツとの関連性が強い場合に使用
- M（30px）：基本のBlock間余白
- L（40px）：見出しの上など、コンテンツの区切りを示す場合に使用

ここから先の画面をデザイン／実装する場合には、基本的にこうやってすでに用意した余白のバリエーションの中から選び、paddingやmarginを使って余白を表現していく。好き勝手に余白のバリエーションを増やすのはNGである。既存の余白バリエーションでは表現力に不足がある場合のみ、余白バリエーションを追加することにする。これが、筆者の考える余白設計の基本的な考え方だ。

　このように余白の広さにルールを敷くことで、実装上考えないといけないことをかなり減らすことができる。デザインのルールとしても、全体としてこのように余白のルールを統一したほうが悩むことが減るのではないだろうか。実装者に指示を出すときもやりやすい。

　もちろん、この3パターンの余白ですべて設計しろと勧めるつもりはない。現実的には、3パターンだと少なすぎるのではないだろうか。実際にデザイン／実装するときは、Blockの中、Element同士の間隔なんかも併せて考えることになるだろうから、より多様なバリエーションを用意することになると思われる。

　こんな風に、余白のバリエーションをいくつか用意し、それをプロジェクト全体で共通して使用するのがオススメである。

　最初は余白をどうするか悩む時間があるが、このルールが確定したあとは、HTMLとCSSを書いていく上でもどういう具合にmarginやpaddingを指定すればいいか決まってくるので、コードを書くスピードは速くなる。

●

　以上が、余白設計の基本的な考え方だ。
　と言っても、これは、あくまで筆者がこう考えるというだけの話であることに注意してほしい。そして、読んでいて感じたかもしれないが、半分ぐらいはデザインの話である。

　筆者は別にデザイナーではないが、これまで仕事でデザイナーと一緒に仕事をしてきて、概ねこういう形でやってきた。こういう考え方が読み取れなければ、こういう形でデザインをならして実装に落とし込むようなこともあった。
　人の数だけ余白設計の形はあってよいと思う。ただ、ここで注意しておきたい。大きなサイトになればなるほど、**余白について何も考えないでコードを書いていくのは危険**である。なので、何かしら考えて設計していくことをオススメする。

　次回は、余白設計に関するTips的なネタを紹介していく。

Block間の余白の設計：中編

前回は、Block間の余白設計について、基本的な考え方を紹介した。今回も引き続き、筆者の考える余白設計の話であるが、もうちょっとややこしい発展的な内容を紹介する。余白設計のTipsのようなものとして読んでいただければと思う。

上に広い余白を設けたい場合の実装

前回挙げた例では、見出しはコンテンツの区切り目であるから、上にLサイズ（40px）の余白を設定したいという例を紹介した。そして見出しの直後は、その見出しとの関連性を示したいので、狭めのSサイズ（15px）余白を設定すると。

```
the lazy dog. The quick brown fox jumps
over the lazy dog. The quick brown fox

                40px

Heading Lv2
                15px
The quick brown fox jumps over the lazy
dog. The quick brown fox jumps over the
lazy dog. The quick brown fox jumps over
the lazy dog. The quick brown fox jumps
```

「筆者は下方向で余白を考える」などと書いていたくせに、これは一体どういうことか。やはり上にも設定するのか？ と、読んでいて思った読者の方がいるかもしれない。これを実現するための実装方法を2通り紹介する。

1. 例外的に上に余白を設定

1つめの方法は単純。見出しの上に10pxの余白を持たせることである。

　見出しの上に10pxの余白を設定すれば、Mサイズの余白である30pxと合わさり、40pxのLサイズ余白が設定される。基本下方向で余白を設計するが、ここだけ例外的に上方向の余白を設定するという解決方法である。

　10px余白は新出なのでXS（Extra Small）サイズの余白とでもしようか。とりあえずこの10+30=40pxで、Lサイズの余白を作れる。

2. セクションを用意する

　なるほどいい考えと思われたかもしれない。別にこれでも問題はないのだが、筆者的には、この方法だとBlockの上下に余白を設定することになってしまい、複雑だと感じる。端的に言うと好きではない。3ヶ月後にこのコードを見たら、たぶん立ち止まって考えてしまう。

　これについては別の実装方法がある。見出しとその内容を包括するBlockを別途用意するという方法である。具体的には、以下のようなコードにする。

```
<section class="contents-group">
  <h2 class="heading2">Heading Lv2</h2>
  <p class="paragraph">The quick brown fox jumps over the lazy dog...</p>
</section>
<section class="contents-group">
  <h2 class="heading2">Heading Lv2</h2>
  <p class="paragraph">The quick brown fox jumps over the lazy dog...</p>
</section>
```

このHTMLに以下のようなCSSを当てる。

```
.contents-group {
  padding-bottom: 10px; /* 30px + 10px → 40px（Lサイズ余白） */
}
.paragraph {
  margin-bottom: 30px; /* Mサイズ余白 */
}
```

これを図にすると右のような形になる。オレンジがparagraph、紫がcontents-groupを示す。

paragraphの下に設定された30pxのMサイズの余白に、contents-groupの下に設定された10pxが足され、40pxのLサイズの余白ができるという具合。この場合、contents-groupにはsection要素を使うのが、HTMLの文法的には最適である。

この方法であれば、下方向に余白を設定するというルールを保ったまま余白の設計が行うことができる。筆者としては、マークアップとしても文書の構造の意味を示せていることになり、可能であればこちらの方法を選びたいと考えている。

ただし、このsectionを使った実装方法だと、HTMLにおいて複雑さが増す。見出しごとにcontents-groupで囲まねばならず、ただ単純にBlockを並べていけば画面が完成するというわけではなくなってしまうことについては留意されたい。

この2つの方法、どっちもどっちと言われればその通りである。つまり、**複雑な余白にしたい場合は、それに比例して実装も複雑になる**ということなのだ。しかし、それでも、場所ごとに余白を考えなければならないのと比べれば、天と地ほどの差がある。

ページ内の大まかな構造を示す余白を設計する

今紹介したセクションによる余白設計と似ているというか、その応用的な内容になるが、ページの大まかな構造を示す領域を用意し、そこに余白を設定するという方法がある。実装的にそこそこややこしいので、いつも使うわけではないが、参考までにこの考え方を紹介する。

よくあるページの例

例えば、このようなページがあったとする。

このページ内容をBEM的に考えると、おおよそ以下のようにBlockの並びになっていると考えられる。この画面に積まれているUIと照らし合わせながら眺めてほしい。

- ページタイトル見出し
- ページ概要テキスト
- ページ内アンカーナビゲーション
- 大見出し
- 段落と画像のセット
- 大見出し
- 段落
- 大見出し
- 画像
- 誘導ナビゲーション

どうということはない、よくありそうなページのフォーマットである。

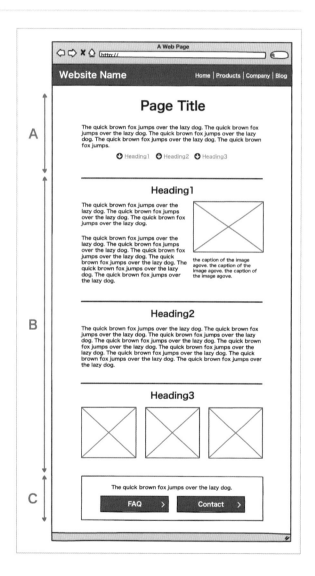

3つのコンテンツエリア

この画面において、Block間の余白を設計したいわけだが、ここでまず、ページというのは、大まかに以下のような構造で成り立っていると考える。

- A：ヘッドコンテンツエリア
- B：ボディコンテンツエリア
- C：フットコンテンツエリア

一つのページというのは、まずページの導入的な内容から始まり、続いてページのメインとなるテキストなどが配置される。そして最後には、そのページのゴールとなるようなナビゲーションだったり、ページ全体の補足のような内容が入る……というパターンが多くないだろうか。

FAQのページであれば、Questionの内容から始まり、Answerの内容がメインのコンテンツとなる。そして最後には、解決したか否かというようなアンケートだったり、お問い合わせページへのナビゲーションが配置されたりする。

商品情報のページであれば、商品の概要から始まり、商品のアピールが続く。そして最後にはカートに入れるボタンだったり、資料請求やショッピングサイトへの誘導で締める。そういうパターンはごくありふれたものだろう。

3つのコンテンツエリアにBlockを入れてみる

このページに配置されているBlock群を、3つのエリアそれぞれに割り当てると、以下のようになりそうだ。

- A：ヘッドコンテンツエリア
    - ページタイトルの見出し
    - ページの概要
    - ページ内アンカーのナビゲーション
- B：ボディコンテンツエリア
    - 大見出し
    - 段落と画像のセット
    - 大見出し
    - 段落
    - 大見出し
    - 画像
- C：フットコンテンツエリア
    - ページ下端の誘導ナビゲーション

このABCは、先程の図でデザインの左端に矢印で図示しているので、再びデザインを確認していただきたい。

この3つのエリア分けというのは、別に皆がそのように意識してページの構成を考えるわけではない。しかし、ストーリーに起承転結があるように、ページの内容にも大まかな流れというのは存在する。

それを、ヘッド、ボディ、フットの3つのエリアに当てはめよう。その区切りに広めの余白を設定することで、ページ全体の構造をユーザーが理解しやすくなるだろうというのが、この余白設計のアイデアだ。

コード例

このアイデアを体現するための、ごく簡素化したコードの例を示す。

まず、HTMLとしてはこのようにBlockを積んで画面を作るところを

```
<div class="block-name">...</div>
<div class="block-name">...</div>
<div class="block-name">...</div>
<div class="block-name">...</div>
<div class="block-name">...</div>
<div class="block-name">...</div>
<div class="block-name">...</div>
```

第14回

以下のように、それぞれのコンテンツエリアで括ってやる。

```
<div class="layout-main-head-contents">
  <div class="block-name">...</div>
  <div class="block-name">...</div>
</div>
<div class="layout-main-body-contents">
  <div class="block-name">...</div>
  <div class="block-name">...</div>
  <div class="block-name">...</div>
  <div class="block-name">...</div>
</div>
<div class="layout-main-foot-contents">
  <div class="block-name">...</div>
</div>
```

それぞれのBlockには適宜余白が設定されていると仮定する。ここまでの例で挙げてきているように、下方向に30pxのpaddingが指定されているとしよう。その上で、それぞれのエリアの下部に追加の余白を設定してやる。

```
.layout-main-head-contents {
  padding-bottom: 10px;
}
.layout-main-body-contents {
  padding-bottom: 20px;
}
.layout-main-foot-contents {
  padding-bottom: 10px;
}
```

これで以下のような余白が画面に表現される。

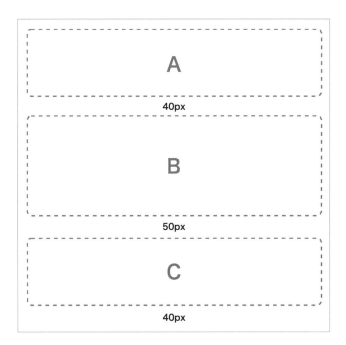

- A 下部：ヘッドコンテンツ下部：40px（30px + 10px）
- B 下部：ボディコンテンツ下部：50px（30px + 20px）
- C 下部：フットコンテンツ下部：40px（30px + 10px）

このように、ページのメインとなる部分を、3部構成にし、それぞれを表現するエリアを設けることで、コンテンツの区切り目に柔軟に余白を設定することが可能になる。単純にBlockを並べていくだけでは、これをシンプルに表現するのはなかなか難しい。

コンテンツの設計と共に考える

このような話になってくると、もはや実装とデザインの話だけではなく、コンテンツをどう組み立てていくかという話になってくる。なんだ実装の話からはだいぶ離れたところだなと思われるかもしれないが、HTMLとは文書構造を表現するマークアップ言語である。

HTMLとして、このようにコンテンツの構造を表現するのは、妥当な役割であると言えるのではないだろうか。そこにうまくデザインの表現を組み合わせることができたとき、コンテンツ設計〜デザイン〜実装のすべてを、HTMLとCSSで組み立てた状態を作り出すことができると言えるかもしれない。

当然、実装者だけがこのようにメインエリアの構造を考えているだけでは意味がない。ただ渡されたデザインカンプをHTMLとCSSで再現するという気分では、このような設計を成り立たせることは夢物語なので、他の工程を担うメンバーと一緒になって設計を考えていく必要がある。

現実的にはそんなにガッチリ意思疎通が取れたりするわけではないことが多いかもしれないが、こういった考え方の引き出しを持っておき、必要に応じて出せるということが重要かもしれない。「実装としてはこういう方法が取れますね」と言えるようになっておけるとよいと筆者は考える。

今回は、前回の続きとして、発展的な余白の設計について解説した。次回は、余白の実装方法を突っ込んで解説する。

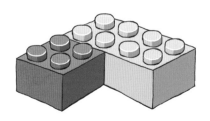

Block間の余白の設計：後編

前々回、前回に渡り、余白に考え方と実装について紹介してきた。余白についての最終回である今回は、Blockに余白を設定する方法として、どのような選択肢があるかについて解説する。

余白をどのようにBlockに設定するか

　まずは「Blockに余白を設定する方法」とはどういうことかについて書く。余白が設定されていない状態のBlockというのが、以下だと考えてほしい。

```
<div class="block-name">...</div>
```

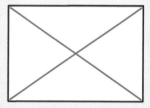

The quick brown fox jumps over the lazy dog. The quick brown fox jumps over the lazy dog. The quick brown fox jumps over the lazy dog.

The quick brown fox jumps over the lazy dog. The quick brown fox jumps over the lazy dog. The quick brown fox jumps over the lazy dog. The quick brown fox jumps over the lazy dog. The quick brown fox jumps over the lazy dog. The quick brown fox jumps over the lazy dog.

the image caption the image caption the image caption the image caption the image caption the image caption the image caption

　これを3つ並べると以下のようになる。

```
<div class="block-name">...</div>
<div class="block-name">...</div>
<div class="block-name">...</div>
```

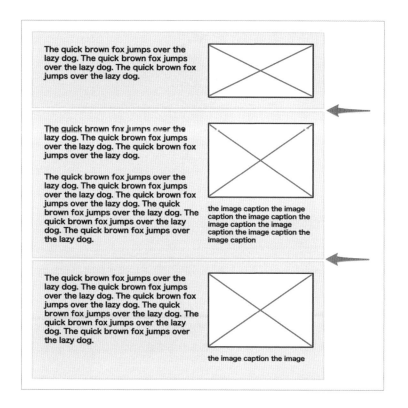

　このBlockの一番外側の要素について、上にも下にもmarginが設定されていないのであれば、上記のように3つ並べると、その3つのBlockはピッタリくっつく。これがBlockに余白がまだ設定されていない状態。今回書くのは、このBlockについて、どう言う風にCSSで余白を設定するかという話である。

　この余白の設定方法について、以下3パターンのいずれかで考えるとわかりやすいと筆者は考える。

1. Block自体に余白を設定する
2. 余白専用Blockを作る
3. 余白用ユーティリティクラスを使う

これらをそれぞれ解説する。

実装方法 1 : Block自体に余白を設定する

Blockへ余白？　何を難しいことを言っているのだ。そりゃこうだろう。

```
<div class="block-name">...</div>
```

```
.block-name {
  background: gray;
  padding: 10px;
  border: 3px solid #666;
  margin-bottom: 30px; /* 下に30pxの余白 */
}
```

　これが1つめ、Block自体に余白を設定するという方法である。まぁ、素直に考えればこうなる。当たり前といえば当たり前だが、これが1つめの方法。

　この方法のメリットは、HTMLが単純になるということが挙げられる。ただBlockを並べていくだけで余白が整うのである。なので、Blockの余白をコレだと決められる場合には、この方法を選ぶのが一番素直でシンプルな実装だと言える。

　この方法のデメリットは、Blockの余白が固定されてしまうことと言えるかもしれない。例えば、このBlockは商品詳細では下に30pxの余白を、お知らせ詳細ページでは下に15pxの余白を持たせたいという状況になったら、今のままだと`margin-bottom: 30px`になっているので、どうにかしなければならない。

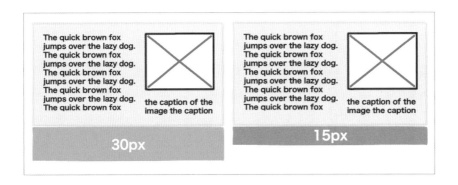

　BEM的には、こういった場合はModifierの出番。`margin-bottom`を変えるModifierを用意し、余白を変化させる。例えば以下のような形で。

```
.block-name {
  margin-bottom: 30px; /* そのままだと基本の余白 */
}
/* 狭めの余白 */
.block-name--spacing-s {
  margin-bottom: 15px;
}
/* 広めの余白 */
.block-name--spacing-l {
  margin-bottom: 50px;
}
```

　そして、余白を調整したい場合にはこのModifierを足す。

```
<!-- 狭めの余白 -->
<div class="block-name block-name--spacing-s">...</div>
<!-- 広めの余白 -->
<div class="block-name block-name--spacing-l">...</div>
```

　これで3パターンの余白を表現できる。
　しかし、余白にバリエーションをもたせたいことが多いのであれば、いちいちこんな風にBlockごとにModifierを定義していくのはだいぶ面倒と言える。

　なので、この方法は、Blockの余白がそんなに多様に変化しない場合に有効と言えるかもしれない。色々と余白を変化させたいという場合は、次に紹介する2つのパターンのいずれかを選んだほうが楽であると筆者は考える。

実装方法 2：余白専用 Blockを作る

　2つめは、余白専用のBlockを作る方法。この方法では、Block自体にmargin-bottomを付けたりはしない。代わりに、そのBlockを囲む別のBlockを用意する。具体的には以下のようにする。

```
<!-- 狭めの余白 -->
<div class="block-spacing-s">
  <div class="block-name">...</div>
</div>
<!-- 基本の余白 -->
<div class="block-spacing-m">
  <div class="block-name">...</div>
</div>
```

```
<!-- 広めの余白 -->
<div class="block-spacing-l">
  <div class="block-name">...</div>
</div>
```

```
.block-name {
  ...
  /* ここでは下にmarginを付けない */
}
/* 狭めの余白 */
.block-spacing-s {
  margin-bottom: 15px;
}
/* 基本の余白 */
.block-spacing-m {
  margin-bottom: 30px;
}
/* 広めの余白 */
.block-spacing-l {
  margin-bottom: 50px;
}
```

block-spacing-で始まる名前のBlockが、余白専用のBlockである。

このBlockは、ただ単にmargin-bottomが指定されているだけの要素である。中に他のBlockを入れて使う。そして、中に入れるBlock自体には、直接上下に余白を取るためのmarginを指定しない。つまり、余白はこの余白専用Blockに任せるという形。

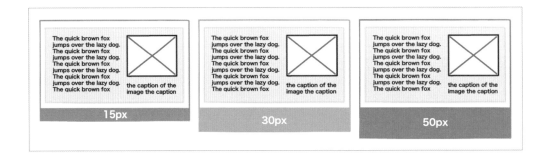

これが2つめの方法。

この方法のメリットは、Blockに柔軟に余白の設定が行えること。そして、Blockを書いているときに、余白について考えなくて済むようになることと言えるだろう。

下30pxを基本の余白とするのであれば、ただblock-spacing-mで囲み、狭くしたいときにはblock-spacing-sで囲むようにする。先述したBlock自体に余白を設定する方法だと、このような場合はModifierを用意しなければならない。それに対し、この方法ではBlockを作るときには余白の

問題を完全に忘れることができる。なので、余白のパターンがまだ決まりきっていなかったり、多様に変化するような場合においては、先述したBlock自体へ余白を設定する方法よりも実装が楽でわかりやすくなるかもしれない。

　ただ、そんなにいいことばかりでもない。
　この方法のデメリットは、いちいち余白専用のBlockで囲まなければならなくなる点である。余白専用ブロックで常に囲むわけだから、常にdivが一つ追加されるわけだ。HTML的には複雑になる。だいたいどのBlockにも下に30pxの余白を設定したいというようなデザインであれば、ほとんどいつもblock-spacing-mで囲むハメになる。こういう場合は、余白専用Blockのありがたみはあまり感じられないであろう。柔軟さがある反面、そのようにもともと余白の設計がシンプルな場合、この方法を選ぶ必要性は少ないと言える。

実装方法 3：余白用のユーティリティクラスを用意する

　3つめの方法は、余白用のユーティリティクラスを用意するという方法である。

　これは、2つめの方法である余白専用Blockの役割を、ユーティリティクラスに担わせただけである。一つ前の方法のように、Block自体にはmargin-bottomをつけず、以下のようなユーティリティクラスを用意する。

```
.block-name {
  /* ここでは下にmarginを付けない */
}
/* 狭めの余白 */
.util-block-spacing-s {
  margin-bottom: 15px;
}
/* 基本の余白 */
.util-block-spacing-m {
  margin-bottom: 30px;
}
/* 広めの余白 */
.util-block-spacing-l {
  margin-bottom: 50px;
}
```

第15回

そして以下のように、Blockに対してこれらのユーティリティクラスを使うという具合になる。

```
<!-- 狭めの余白 -->
<div class="block-name util-block-spacing-s">...</div>
<!-- 基本の余白 -->
<div class="block-name util-block-spacing-m">...</div>
<!-- 広めの余白 -->
<div class="block-name util-block-spacing-l">...</div>
```

この方法のメリットとデメリットは、一つ前の余白専用Blockとほぼ同じ。余白をつけるためにdivを増やすか、クラスを足すかという違いである。毎度毎度クラスを足さなければならないが、多様に余白を変化させることができる。余白専用Blockと比較すると、divの数が減るので、HTML的にはシンプルと言えるかもしれない。その代わりにclassが少しゴチャっとする。

ユーティリティクラスというものの存在は、BEMルール的には、どこへでも変化をもたらすことのできる使いすぎ要注意な存在なので、そのあたりはCSS設計に複雑さをもたらしているとも言える。

コラム

marginの相殺は使わない

これは一つの設計のポリシーであり、必ずそうするべきとは思わないが、marginの相殺には頼らないほうがよいと筆者は考えている。

marginの相殺とは、以下のようなことを言う。

```
<div class="block-example-a">...</div>
<div class="block-example-b">...</div>
```

```
.block-example-a {
  margin-bottom: 30px; /* 下に30px */
}
.block-example-b {
  margin-top: 50px; /* 上に50px */
}
```

このとき、この2つのBlockの間には何ピクセルの余白が取られるかと言うと、30+50の80pxではなく、50pxになるというもの。

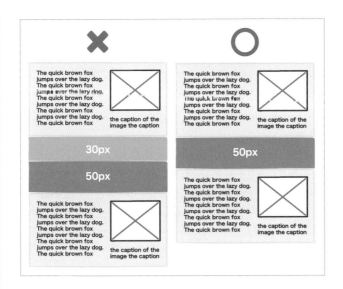

　こんな風に縦方向のmarginが被る部分は相殺されるというのは、CSSの仕様である。この相殺は、入れ子になった要素に指定された縦方向のmarginについても同様に機能する。

　これをうまく活かせば、Blockの上下にmarginを指定しても柔軟な余白設計ができるように感じられるかもしれないが、現実的にはなかなか難しい。なぜかと言うと、marginと共にfloatにleftやrightが指定されていたり、displayがflexである要素をまたいだりすると、このmarginの相殺は発生しなくなるためである。大体の要素の下余白をmargin-bottomで取っていたとしても、こういうケースが一例でもあると、そこではmarginの相殺に頼れなくなってしまう。

　そんなこんなで、端的に言うとmargin相殺はややこしい。なので筆者はこれに頼りたくない。こういった余白設計の際、下方向の余白をmarginで確保するのであれば、上方向の余白はあえてpaddingにし、相殺を起こさないようにしたりすることをオススメしておく。

実装方法を決定するための要因

　以上、Blockに対する余白の設定方法を3通り挙げてみた。3通りと書いたが、別にこれら3つは筆者がだいたいこんな感じだろうと挙げた実装例なので、全CSS設計はこの3パターンのうちのいずれかに該当するみたいなことではないので注意されたい。

こんな風に余白を実装するための方法が色々あるのはわかるけど、どれを選んだらいいのか？と思われるかもしれない。なので、どれを選ぶべきか、そのヒントとなる考え方を紹介する。**どのような実装方法を選ぶべきかは、「要件」と「何を実現したいか」による**と筆者は考える。

シンプルさを優先する

例えば何百ページもあるWebサイトを作ると仮定する。これらの画面は、特にCMSのような仕組みを用いるわけでもなく、手でHTMLを書いていかなければならないとする。

こういった場合、まずBlockの一覧を作り、そこからBlockのHTMLをコピーし、大量のHTMLを作っていくというやり方がよく採用される。そういう風にHTMLを作っていく場合は、このようなやり方で効率化しないと、大量の画面を作りきるのが難しい。筆者もそういう仕事を何度も何度もやってきた。ちなみに、こういう実装の進め方を「量産」と呼ぶことがある。Webサイト制作の現場ではよく使われる言葉である。

この場合、これは別に余白の設計に限った話ではないが、場所ごとに何か考える必要があるようなコードの設計だと、実装にかかる時間が増える。そして、間違いも発生しやすくなる。このため、このような開発のバックグラウンドがある場合には、余白の設計と実装はなるべくシンプルにしたほうが効率がよくなるはずだ。

今回紹介した余白の実装方法3パターンで言えば、圧倒的に1つめの「Block自体に余白を設定する」方法がシンプルで考えることが少ない。ただBlockのHTMLを並べていけば画面が完成するからである。例えば以下のように。

```
<h2 class="heading">見出し</h2>
<p class="paragraph">段落段落段落段落段落段落</p>
<div class="contact-block">お問い合わせは……</div>
```

ここで、余白専用ブロックかユーティリティクラスの方法を採用すれば、Blockを配置した後、どの余白をつけるのかを考えなければならない。

```
<div class="block-spacing-s">
  <h2 class="heading">見出し</h2>
</div>
<div class="block-spacing-m">
  <p class="paragraph">段落段落段落段落段落段落</p>
</div>
<div class="block-spacing-m">
  <div class="contact-block">お問い合わせは……</div>
</div>
```

こんな風に2パターンのコードを並べてみれば、前者の方が楽に画面を作っていけるのが想像できるかと思う。前者であれば、どの余白を設定すればいいんだという悩みもない。

仮に、画面ごとに余白を細かく調節したいし、文脈に応じて広くしたり狭くしたりしたいと考えたとする。その場合は実装が複雑になるのでトレードオフである。例えば1画面10分で終わるところを、複雑な実装にして15分かかるようになってしまうかもしれない。そうなると、単純計算で10日で終わるものが15日かかることになってしまう。

そんな風に大量に画面を作成するときは、シンプルさと効率が重要になることがある。こんな風に手書きでHTMLをガンガン作っていくようなケースでは、筆者は実装方法1として紹介した、「Block自体に余白を設定する」方法を積極的に選びたい。そしてデザインとしてもシンプルなルールに寄せてもらうように調整するのをオススメしたい。

シンプルな形に寄せなくていい場合

本書で書いてきた余白設計の話を読んでいると、Blockには決まった余白を当ててしまうのがシンプルでよいと思われるかもしれないが、いつもそれがベストであるとは限らない。

今挙げたのは、大量の画面のHTMLを手で書いていくという例であったが、大して画面数が多くない場合は、そんな風に無理にシンプルな方向に寄せる必要はない。結果的に同じような余白をどのBlockにも設定する結果になるかもしれないが、余白の設計は、余白専用Blockやユーティリティクラスに余白の実装を任せてしまうことにより、文脈に応じて柔軟に余白をコントロールすることが可能になる。会社情報の画面ではこのBlockの下は30pxにしたいが、製品情報の画面ではこのBlockの下を50pxにしたいというのも自由である。

また、作り出したときにまだ全体が見えていない、余白についてそこまで設計しきれていないというケースもあるだろう。そういったケースにおいても、余白専用Blockやユーティリティクラスを用いた余白の実装は柔軟に機能する。
ただし、

● パターンを決めて場所によって柔軟に設定できるようにしよう
● まだ決めきれていないのでとりあえず柔軟に設定できるようにしておこう

の2つは大きく違う。後者のように考えて適当の実装を進めていくと、無駄に複雑になるだけな上、デザインも整っていない状態が作られてしまうので悲惨である。何かしらの指針を持った上でこのあたりを決めて実装していくことをオススメする。

機能要件から考える

　HTMLとCSSを書くという工程は、それで終わるわけではないことが多々ある。自分の考える設計で好きなように作り、画面のHTMLも好きにいじれるということばかりでもない。実際のプロジェクトでは、後工程のことを考慮してHTMLとCSSを書かなければならないことがある。

　例えばこんなCMSがあると想像してみてほしい。部品を選ぶとその入力欄が登場、そこにテキストや画像を入れると、画面右側のプレビューエリアに、今入力した内容が反映されるのだ。

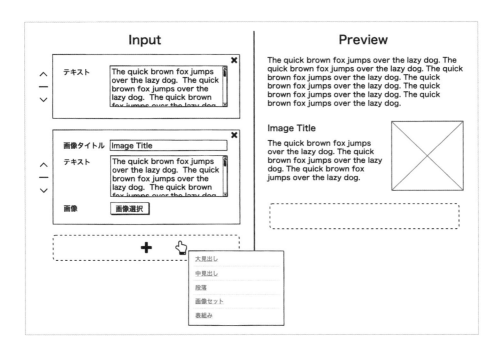

　CMSでは、追加された部品に応じたHTMLの断片を用意しておき、ユーザーが入力した値がそのHTMLに反映され、最終的なHTMLが書き出されるという具合。ブロック状のUIを積んで画面を作っていける、よくあるCMSである。

　このような仕組みに組み込むHTMLとCSSを書くとすれば、ここまでで挙げたように、個別に余白を調節するようなことはそもそも不可能である。1つの部品に対して、用意できるHTMLの断片は1つだ。この場合の実装方法として、紹介した3パターンのいずれを選んでもよいが、どうせ書き出せるHTMLに変化を与えることはできないため、後で見直したときにシンプルなのは、実装方法1の「Block自体に余白を設定する」方法であろう。

　しかしここで、積んでいく部品はいずれも、15px、30px、50pxの3パターンの中から自由に余白を選ぶことができるようにするという要件が加わったとする。管理画面では以下のように余白を選ぶプルダウンが追加される感じだ。

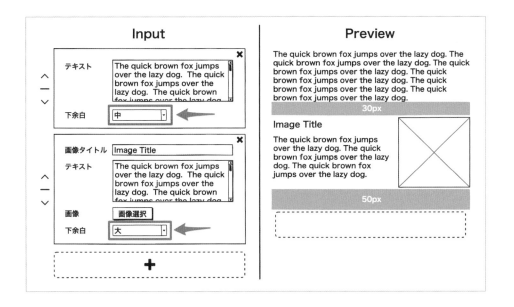

こうなってくると話は変わってくる。こんな風に余白を選択可能にするのであれば、今度は実装方法2の「余白専用Blockを用意する」、もしくは3の「余白用のユーティリティクラスを用意する」のどちらかを選んだほうが、CMSの設計にマッチしているように感じられないだろうか。

こんな風に、Block間の余白設計の実装は、後工程のことも考えておいたほうがうまくいく。というより、そういった事情も考慮した上で余白設計の実装方法を決めたほうが、滞りなくプロジェクトが進むことだろう。CSSを書く者は、そのような要件を把握し、最適な実装方法を提示できるようにしておきたい。

そもそもBlock間の余白を考えなくてよい場合

ここまでで、本書で挙げてきている様々な例というのは、ただ単にBlockを並べていけば完成するような画面を想定したものが多い。しかし、Webアプリケーションを作るような場合、そんな風に決まった余白を持ったBlockを並べていけば作れるというようなデザインではないことも多々ある。

Google Calendarの例

例えば以下はGoogle Calendarを開いたところだ。

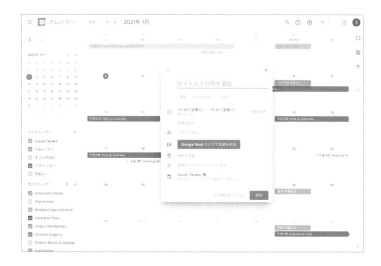

この画面においては、メインエリアはカレンダーが全体を覆う形になっている。

Tweetdeckの例

以下はTweetdeckというWebアプリケーションの画面。

Tweetdeckは、Twitterのリストや検索結果を横に自由に並べていくことができる。

　この2つのサービスのキャプチャに収まっている画面を見て、どこをどうBlockにするか、少し考えてみてほしい。そのうえで、余白の設計に思いを巡らせてほしいのだが、これらの画面は、ここまで

で紹介してきたような、一定の余白を持ったBlockを並べていって作れるようなものではないことがすぐにわかると思う。

　Google Calendarの方は、カレンダー左側のエリアでは余白設計の考えを活かせるが、メインのカレンダー部分については、カレンダーが全体を覆っている。Tweetdeckの画面については、左端にメニュー、それ以外はツイートが縦に積まれるカラムが繰り返されるだけである。

　こういったUIをHTMLとCSSで作る場合、Block間の余白のことは忘れてしまってよい。Google Calendarの方は、メインエリア直下には1つのBlockがあるだけ。Tweetdeckの方はBlock同士がピッタリくっついていると考えるとよいかと思う。

　Block間の余白設計をどうすると延々書いてきた問題は、Blockが並べられ、その間にどちらのBlockのものとすればよいのか判断が難しい空っぽの領域がある場合の話であって、Blockの間に一切の隙間がない場合というのも多々あるのだ。

　つまり、余白余白とここまで書いてきたが、そういう風に「Block間に余白がある」という場合というのは、デザインのパターンの一つに過ぎない。そのようなパターンもあるということを理解した上で、どのような余白のルールにするのかをデザイナーと相談して決めていけるのが、理想的なCSS設計かと筆者は思う。

　余白について色々と書いてきたが、分業されているようなケースでは、これは実装者だけで決めるものではないことを忘れないでいただきたい。

●

　今回は、余白をBlockに設定する際の実装方法と、どうやってその実装方法を決定すればよいのかについて書いた。例で挙げたように、HTMLを書いた後にCMSへ組み込むだとか、大量の画面を一つずつ作っていくというように、実際のプロジェクトでは、HTMLとCSSを取り巻く状況は様々だ。そんな状況を考慮した設計が成されていると、周りのメンバーは非常に助かるハズである。

　言ってみれば、取り立てて縛りや制限がなく、自分で好きなようにコードを書いていっていいのであれば、どんな方法だって別にいいわけである。実装に必要とされる要素を把握し、それに応じた設計ができるという力は重宝されるはずだ。

プロジェクトの中でうまく立ち回る

今回は実装以外の側面から、HTMLとCSSを書くということについて書く。
「HTMLとCSSを書く者、ひたすら純粋にHTMLとCSSを極めるべし……！」そう考えている読者もいるかもしれないが、実際の仕事の中では、HTMLとCSSを書く人は、ただ技術があるだけでは成り立たない側面が強いと筆者は感じている。

技術だけあればいいのか

例えば、CSSの仕様を完全に把握しており、どんな複雑なレイアウトも組んでくれるという人がいたとする。そのような能力はもちろん素晴らしく、そんな人がチームメンバーにいたら助かる〜とは思うわけだが、CSSの仕様に対する理解が深いというのと、チームプレイに長けているというのは全然別の話だったりする。

「いやいや、どんな業種だってそりゃ技術があるだけではダメでしょう」と言われればその通りなのだが、このHTMLとCSSを書くという仕事について言えば、とりわけそのような 「プロジェクトの中でうまく立ち回る」スキルが求められる役割だと筆者は感じている。

個人的な意見ではあるが、雑に言ってしまうと、CSSの仕様にはそんなに詳しくなくていいし、新しいプロパティを使わなくていいので、この「プロジェクトの中でうまく立ち回る」能力に長けている人にHTMLとCSSを書いてもらったほうが、多くのプロジェクトはうまく回るとすら感じる。

プロジェクトの中でうまく立ち回るというのは具体的にどういうことか。これは、「**前工程や後工程のことを考えながら設計／実装を行える**」ということだと筆者は考えた。

なぜ一人プレーでは成り立たないか

「前工程や後工程のことを考えながら設計／実装を行える」こと。なぜそれが大事なのか？ と言われれば、それは、HTMLとCSSは、その実装単体では成り立たないものだからである。
HTMLとCSSを書くという工程のすぐ前、後ろの工程のことを考えてみればそれはわかりやすい。

前の工程

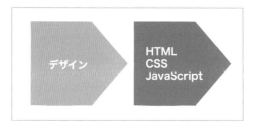

　前工程を見てみれば、そこには必ずデザインというステップがあるだろう。ある程度の規模のプロジェクトだとほぼそのような体制になる。細かく分ければいくらでも細分化できるだろうが、ここではざっくり「デザイン」と呼ぶことにする。

　CSSを書く者は、ただデザインカンプを見て機械的にコードを書けるのか？ そんなわけはない。自分が考えたわけではないデザインについて、どのように、何を考えて作られたのかに想像を及ぼさずに、CSS設計はできない。

　いや、正確に言えば、そんなことを想像しなくてもHTMLとCSSは書ける。ただ単純にデザインカンプに表現されているピクセル数と色をキッチリ守ってコードに起こす。それをやれば一応Webページは完成する。最近のデザインツールであれば、デザインデータから自動的にHTMLとCSSを生成してくれるものだってあるだろう（よく調べてはいないが）。

　そんな風に、大して考えずに書いたコードや、そういったツールから吐き出されたコードがそのままプロダクトで使えるのか？ それで済むのであれば、とうの昔にHTMLとCSSを書くという仕事はなくなっていそうなものである。

　でも実際にはそういうことは起こっていない。なぜかと言われれば、そんなふうにして書かれたコードは、大抵の場合、使い物にならないからだ。CSS設計の考えなしに書かれたコードは、チームで保守していくのが難しく、統一されたデザインを再現することもできないだろう。何百ページもあるようなWebサイトの制作にも耐えられない。

　作るのは一枚の絵ではないので、色々と考えることがある。どういうことを考えないといけないのかは、ここまでにも色々と書いてきた通り。HTMLとCSSを書く人は、HTMLとCSSの仕様を理解した上で、前の工程をまずは気にかけなければならない。気にかけると言うより、ほとんどデザイナーと一緒にコードを書いていく気分で仕事に臨んでもらう必要がある。

後ろの工程

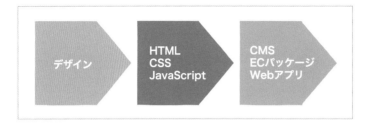

　前工程にはデザイナー。では後ろには？　と、今度は後工程を見てみると、CMSやWebアプリへの組み込みがある場合が多い。まずテンプレートを作り、そのテンプレートを元に大量のページを作るという流れを想定するとしたら、大量のページ量産も後工程と捉えることができるだろう。

　その後工程で自分の書いたHTMLとCSSをうまく機能させるには、これまた何も考えないでCSSを書いたところで、うまくいくことはない。

- ここはCMS的にどういう風に繰り返されるのか？
- このようなHTMLの書き方ではCMS側の負担が大きすぎるのではないか？
- ここはCMSが吐き出す固定のHTMLを使わないといけない箇所なのではないか？
- このBlockの切り方だと設計の意図が想像しづらくないか？
- もっと単純に画面を作れるようにできないだろうか？

　そういうことを考えずにHTMLとCSSを書けば、後工程に負担がかかることになる。場合によっては、このHTMLでは組み込めないと戻されてくることすらあるだろう。

　例えば第10回「SMACSS：Themeルール」で紹介した、ヘッダ部分のHTMLを共通のものとする実装を思い出してほしい。あの実装は必須ではないが、そういう配慮に気が向くか否かでHTMLとCSSを書く役割の価値というのは大きく変わってくる。なかなか外から評価するのが難しい点であるが、少なくともチームメンバーからは感謝の眼差しを得られるはずである。

●

　そんな風に、HTMLとCSSを書く立場に求められる役割というのは、前後の工程と一緒になり、プロジェクトに必要なものは何かを理解して実装を進めることだったりする。単に技術力が秀でているというだけではこれは達成できない。

HTMLとCSSを書く人に求められることの難しさ

この、「別の工程と一緒になって自分の実装をする」というのが、HTMLとCSSを書くことの難しさのうちの一つであることは間違いないと筆者は考える。とくに、デザイナーと一緒になって作っていかなければならない。

デザイナーにはデザイナーの考えがある。実装者には実装者の考えがある。この2つは必ずしも合致するわけではない。しかし、どう考えが違おうとも、最終的に完成するコードはひとつ、HTMLとCSSに落とし込まなければWebページは完成しないのだ。

だったらどうするかと言えば、デザイナーは実装者の考えを、実装者はデザイナーの考えを汲み取らなければならない。デザイナー作っているものは、あくまで中間成果物。それを印刷して配布したりすることもない。ただHTMLとCSSを書くという次のステップに引き渡し、それが完了したらもう用が済むものなのである。

なので、デザイナーにはキャンバスに自由に絵を書いている気持ちでいてもらっては困る。HTMLとCSSの制約を理解し、運用を考慮し、実装する際に無理のないデザインのルールを敷いてもらわなければならない。

そして実装者は、ただ絵をHTMLとCSSに変換するような気分でいてもらっては困る。デザインカンプは、実装者が実装をするためだけに作られている。実装者には、この余白はなぜ30pxなのか、どうして似た色があるのに別の色にしているのか、気にかけなければならないし、なんならこのステップでデザインを完成させるためのレビュアーの役も担っているぐらいの気持ちでいてほしい。

HTMLとCSSを書くということは、実際にコードを書くのは実装者のあなたただ一人かもしれないが、一人で完結するものではない。このことについて理解し、コミュニケーションを取りながらコードを完成させること。これが難しい。

なので、CSSを書く人が集まって話す内容というのは、ピュアに技術だけの話にならなかったりする。プロジェクトの背景だったり、デザイナーとの関わりだったり、そういう話で盛り上がったりする。それはごく自然なことで、そういう、実際にコードを書く以外の要素が、HTMLとCSSを書くという仕事の中で重要な要素だったりするからなのである。

Atomic Design

　Atomic Designという書籍がある。これはBrad Frost氏の著書で、デザインシステムを中心とした設計の方法について書かれている。

Atomic Design
https://atomicdesign.bradfrost.com/

　コンポーネントの粒度やUIの考え方として参考になる部分が多く、興味があれば是非読んでみることをおすすめしたいが、この本の中で、プロジェクトの進め方について語られている部分があるので、それを紹介したい。

　Atomic Designの中では、「Death to waterfall」という見出しで書かれている内容である。「Death to waterfall」とは「ウォーターフォールに死を」という意味である。

ウォーターフォールとは

　ウォーターフォールとは、開発の進め方に付けられた名前で、「ウォーターフォール型開発」のことを指す。「ウォーターフォール」の意味は「滝」。それぞれの工程が分けられ、一つの工程が完了したら次の工程を行うような形で進める開発のやり方のことを指す。

　Atomic Designでは、以下のような図を使ってウォーターフォール型開発を表現している。

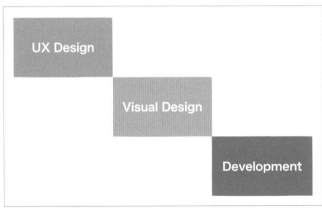

出典：Atomic Design Chapter4
　　　 https://atomicdesign.bradfrost.com/chapter-4/

例えば車を作るとしたら、まずネジを作るし、ネジを作らなければエンジンは作れず、エンジンを作らなければ車は完成しない。なので、まずはネジを作る。そしてネジを作り終わったら、次にエンジンを作る。そしてエンジンを作り終わったら、最後に他の部品と組み合わせて車を完成させる。

当たり前のことであり、それで何もおかしいことはないように思われるが、Atomic Design曰く、このようなウォーターフォール型開発でWebサイトを作るのはダメだということである。

だったらどうしたらいいのか

「デザインを作った後にコードを書くではないか。デザインがなければコードは書けないし、自分はいつもそうやって仕事をしている。これになにかおかしいところがあるのか？」そう思われるかもしれない。しかし、Atomic Design曰く、そんなやり方でいいものは作れない。

デザインの工程が終わったらもうデザイナーはノータッチ。実装者もデザインカンプが上がってくるまではあぐらをかいて待っている。そういう形でプロジェクトを進められる時代は終わった。プロジェクトは以下のように、各工程の担う役割の割合がなだらかに変化しながら進行していくものである。

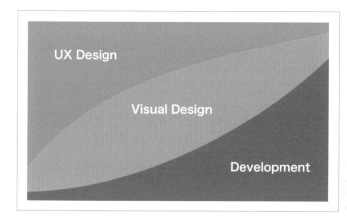

出典：
Atomic Design Chapter4
https://atomicdesign.bradfrost.com/
chapter-4/

第16回

今やレスポンシブデザインが主流な世の中になった。一つのUIは画面の幅などの条件により多様に変化するし、それによりUIがどのように振る舞うかを考えるのは、ただデスクトップ端末向けにデザインを行うのと比較すると圧倒的に難しいはずである。

デザインカンプだけですべてを表現し、検証するのはだいぶ無理がある。デザイン作業を進めつつ、実装側ではプロトタイプを作って検証をしながらプロジェクトを進めるようなやり方でなければ、使いやすいWebサイトを完成させることはできない。

Atomic DesignのDeath to waterfallという項には、おおよそこのようなことが書かれている。

例えウォーターフォールでも

　Atomic Designの言っていることはわかった。でもいつもそんな風にプロジェクトを進めることは可能だろうか？　それはあくまで理想だよね。自分の携わっているプロジェクトではそんなことは無理すぎて夢のような話だな……。そういう風に感じられる方はたくさんいると思う。

　特に大きなプロジェクトになれば、自身の担う箇所は大きなプロジェクトのごく一部だったりする。そういった中で、すでに敷かれているプロジェクトのやり方に沿って進めるしかないというケースはいくらでも存在する。

　このような状況を打破するには、Atomic Designとしては、自分たちは自分たちがやれる方法でしかできないというスタンスを取ったり、求められる結果がどうであろうと、勝手に自分たちのやり方でやってしまえ。結果が方法を肯定するみたいなことが書いてある。

　まぁそれはそれでよいとして、たとえウォーターフォール型の開発の中で動くにしても、完全に工程間を断絶して考えてしまうのは危険である。例えば、以下のようなことは普通に起こる。

タブUIの例

　以下のようにタブで切り替わるUIとしてデザインした。

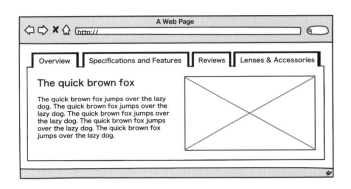

　しかし、できあがってみて実際にコンテンツを入れてみたら常に2段以上になってしまった。

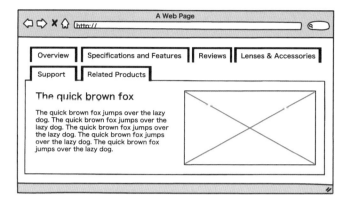

ついでにスモールスクリーン時にはもっとひどいことになる。

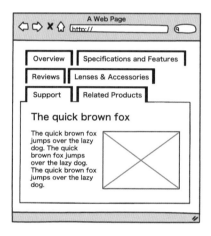

カルーセルの例

カルーセルで商品の一覧を見せたい。ワイドスクリーン時には何の違和感もなかったが、

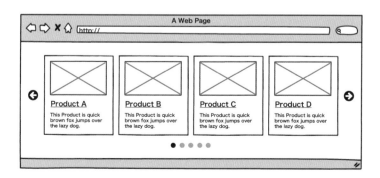

スモールスクリーン時にはドットの数が多すぎる状態になってしまう。

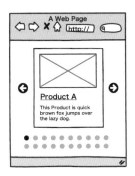

　どちらの例も、デザイン側からすると、ここでそんな風に項目数が増えることを知らなかったかもしれないし、スモールスクリーン時の考慮が不足していたとも言える。

　これを「デザイナーの考慮が足りていないよね」と言って突き放すのは簡単だが、HTMLとCSSを書いている段階になってはじめて、デザインにおかしいところがあることに気付くというのは別に珍しいことじゃない。これを無視してコードを書いてしまうと、結果として使いづらいUIが出来上がってしまう。
　そんな風にタブが3段、4段になっていながら、「いや、でもこれでデザインはOKもらってるんで」というのは、どう考えてもおかしいだろう。

　これらは、コミュニケーションをもっと重要視すれば、早期に問題を発見し解決できる可能性が上がる。例えば、デザインのレビュー時に実装者が入って確認する機会を設定する。デザイナーがこの部分のUIについて心配に思ったら、実装者に相談して意見を求めてみる。質素なHTMLとCSSでプロトタイプを実装してみる。こういうことをすることで、無駄な実装を行わずに済み、最終的にかかった時間を減らし、制作クオリティを上げるという結果を得られる可能性が高くなる。

　たとえウォーターフォール型の開発でプロジェクトが進んでいても、Atomic Designが示すP.149の図のような進め方を意識してプロジェクトを進めることを筆者はオススメする。そう思って仕事をするメンバーが多ければ多いほど、プロジェクトは円滑に進むはずだ。全画面のデザインカンプが完成するまで正座して待っているような実装者と、デザインの最中に実装面からの意見を出してくれる実装者では、当然後者のほうがプロジェクトの成果物をよいものにするだろう。

　今回はプロジェクトの中でHTMLとCSSを書くということについて書いた。
　HTMLとCSSを仕事の中で書くということは、ただ画面を作れればよいということでは全くないので、自分の工程の外側にも目を向けて進めると色々うまくいくということが、少しでも伝われば幸いである。

スタイルガイドのススメ

今回はスタイルガイドについて書く。
スタイルガイドを作ると色々捗るぞという主張である。

スタイルガイドとはこういうもの

まず、スタイルガイドとはなんだろうか。スタイルガイドという言葉が示すものの幅はなかなかに広いが、端的に言うと、**デザインやコードの記述方法などについてまとめた資料**のこと。

このスタイルガイド、企業やWebサービスが、自社で作っているものを公開していたりする。とりあえず具体例を見てもらったほうがわかりやすいと思うので、以下の3つについて、軽く紹介してみる。

1. Google HTML/CSS Style Guide
2. Dropbox (S)CSS Style Guide
3. Primer

1. Google HTML/CSS Style Guide

まずはGoogleのHTMLとCSSについてのスタイルガイド。ここには、HTMLとCSSをどういうルールで書いていけばよいのかがまとめられている。

Google HTML/CSS Style Guide
https://google.github.io/styleguide/htmlcssguide.html

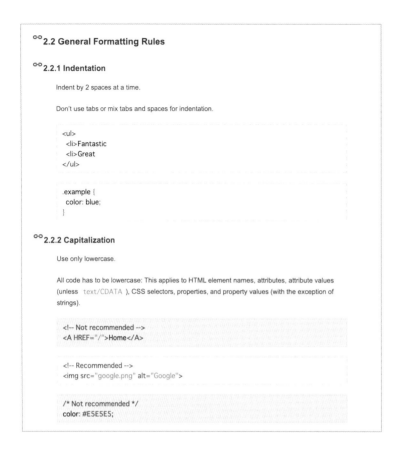

2.2 General Formatting Rules

2.2.1 Indentation

Indent by 2 spaces at a time.

Don't use tabs or mix tabs and spaces for indentation.

```
<ul>
  <li>Fantastic
  <li>Great
</ul>
```

```
.example {
  color: blue;
}
```

2.2.2 Capitalization

Use only lowercase.

All code has to be lowercase: This applies to HTML element names, attributes, attribute values (unless `text/CDATA`), CSS selectors, properties, and property values (with the exception of strings).

```
<!-- Not recommended -->
<A HREF="/">Home</A>
```

```
<!-- Recommended -->
<img src="google.png" alt="Google">
```

```
/* Not recommended */
color: #E5E5E5;
```

このドキュメントには、例えば以下のような感じのことが、それぞれ例や理由と共に書いてある。

- インデントは2スペースでやること
- HTMLとCSSのコードはすべて小文字で書くこと
- 行末のwhitespaceは削除すること
- BOMなしのUTF-8を使うこと

何もルールなしでコードを書くと、人によってはインデントのためにタブを使ったり、2スペースだったり4スペースだったりで統一が取れない。あとはHTMLも大文字で書いたり小文字で書いたりなどの違いも発生してしまうかもしれない。

```
<div class="example">私は小文字が好きだが</div>
<DIV CLASS="EXAMPLE">あなたは大文字が好き？</DIV>
```

そうすると一つのプロジェクトの中でルールがバラバラのコードになってしまうので、こういったコードなどの記述ルールをまとめておき、これに則ってコードを書いてもらうというような使い方をする。

おそらくGoogle社内では、何かHTMLとCSSを書く場合、このスタイルガイドのURLが渡されて、その通りに書くよう指示されているに違いない。

2. Dropbox（S）CSS Style Guide

次はDropboxのCSS（SCSS）スタイルガイド。
SCSSについては第19回「ビルドしてCSSを作る：Sass」で詳しく解説する。

Dropbox（S）CSS Style Guide
https://github.com/dropbox/css-style-guide

Selector Naming

- Try to use BEM-based naming for your class selectors
  - When using modifier classes, always require the base/unmodified class is present
- Use Sass's nesting to manage BEM selectors like so:

```
.block {
    &--modifier { // compiles to .block--modifier
        text-align: center;
    }

    &__element { // compiles to .block__element
        color: red;

        &--modifier { // compiles to .block__element--modifier
            color: blue;
        }
    }
}
```

Namespaced Classes

There are a few reserved namespaces for classes to provide common and globally-available abstractions.

- `.o-` for CSS objects. Objects are usually common design patterns (like the Flag object). Modifying these classes could have severe knock-on effects.
- `.c-` for CSS components. Components are designed pieces of UI—think buttons, inputs, modals, and banners.
- `.u-` for helpers and utilities. Utility classes are usually single-purpose and have high priority. Things like floating elements, trimming margins, etc.
- `.is-`, `.has-` for stateful classes, a la SMACSS. Use these classes for temporary, optional, or short-lived states and styles.
- `._` for hacks. Classes with a hack namespace should be used when you need to force a style with `!important` or increasing specificity, should be temporary, and should not be bound onto.
- `.t-` for theme classes. Pages with unique styles or overrides for any objects or components should make use of theme classes.

　このドキュメントには、CSSの書き方についてのみまとめられている。書かれているのは以下のような内容。

- idセレクタを使わないこと
- `!important`を使わないこと
- `margin-top`を使わず、`padding-top`を使うこと（相殺されてしまうから）
- セレクタは小文字でケバブケースを使うこと（`my-class-name`という具合）
- BEMを使うこと（と、その簡単な補足）
- 名前空間的接頭辞のルール

この本で紹介しているような内容も書いてあり、CSS設計の参考にもなりそうな内容だったりする。

3. Primer

最後はGitHubのスタイルガイドの一部であるPrimer。

Primer
https://primer.style/

GitHubのスタイルガイドは、JavaScriptのコーディングルール、ブランドのルール、Rubyのコーディングルール、デザインに関することなど、その内容は多岐にわたる。その一部がPrimerで、これもまた色々含まれているものなのだが、その中に、CSSのコンポーネント集があり、それが以下。

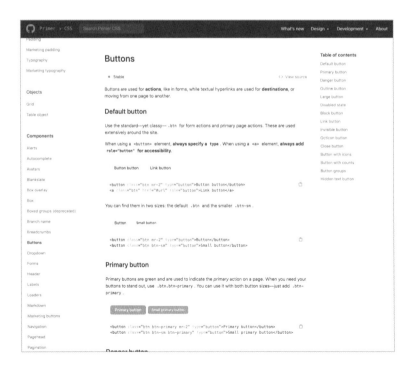

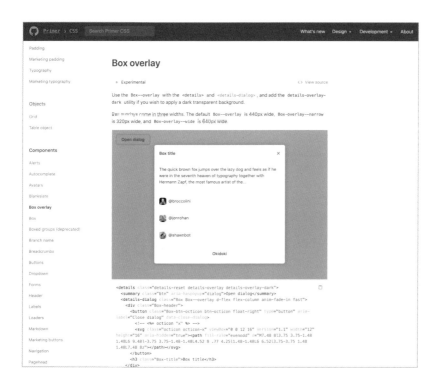

　ここには、GitHubで用意しているコンポーネントの見た目と、そのHTMLソースコード、使う際の注意やバリエーションの指定方法などがまとめられている。

　GitHubを普段使っていると、このPrimerに掲載されているコンポーネントだらけなので、GitHubの開発者たちは、このスタイルガイドにあるコードをコピペしながら画面を作っていると想像できる。

スタイルガイドの内容と意味

　以上、3つのオープンになっているスタイルガイドを紹介してみた。

　こんな風に、コーディング時のルールだったり、プロジェクトで用意しているコンポーネント（BEMでいうBlock）をまとめたものをスタイルガイドと呼んだりする。その他、HTMLとCSSだけに限らず、JavaScriptや、PHP、Rubyなどについてのコーディングルール、デザイン上のトーンやマナー、メールの書き方のルールなどまでをも含む場合がある。

　スタイルガイドという言葉に正確な定義があるわけではないと思うが、比較的実装寄りの内容に絞られたものをスタイルガイドと呼び、より広範囲の内容を含んだものはデザインシステムと呼ばれる

傾向がある。ここでは、デザインシステムについて話すと話が広がりすぎてしまうので、ひとまず実装の側面について書くことにする。

　このようなスタイルガイドは、プロジェクトを運用する際の中心的な存在となり、プロジェクト内のコード品質維持と、生産性の向上に役に立つ。ひとまず、本書でオススメしたいのは、以下をまとめておくことである。

- ●コーディングルール
- ●コンポーネントの一覧

この2つについて解説する。

コーディングルール

　まずコーディングルール。これはGoogleやDropboxのスタイルガイドに書かれている内容だが、これが必要な理由は、Googleのスタイルガイドを紹介した際に軽く触れたが、開発者によってコードの書き方がまばらになってしまうのを防ぐためである。

　何も知らないプロジェクトに突然放り込まれ、前任者がすでにいなかったらどうすればいいか。今までのコードは全く気にしないでコードを書き出すという方法はあるが、そんなことをすれば、コードは一貫性のないバラバラな状態に。本書の最初の方にも書いた通り、どこか知らないところでレイアウトが崩れ、どんどん運用は辛くなることが想像される。

　ではどうすればよいのかと言うと、書かれているコードを眺めてみて、なんとなくルールを把握するところから始めるだろうか。それもまた時間のかかる話で、いくつかのコードを見たところで、どういうルールなのかの確証を得ることはできない。

　こんなときに、コーディングルールがまとめられていると、他のメンバーは非常に助かる。そのルールを読んだ上で、既存のコードを少し眺めれば、自分がどのようなコードを書くべきか判断することができるようになるのだ。

ただのテキストファイルでよい

　このコーディングルール、別に立派なドキュメントである必要ではなく、コーディングしたときに決めたルールが箇条書きになっているものがテキストファイルになっているだけでも十分有用である。

　紹介したDropboxのスタイルガイドは、ただのMarkdownファイルである。筆者もこういったテキ

ストはよく作るが、大体Markdownファイルで書いている。プロジェクトのディレクトリに、`README.md`だったり`README.txt`といった名前でこれを置いておけばよい。

このファイルには、以下のような内容が書かれていると大変有意義である。

- CSS設計の方法（BEMを基本とするなど）
- クラス名の命名規則（`MyBlockName`なのか`my-block-name`なのか）
- 画像やSVGファイルの置き場所
- JavaScriptファイルの置き場所
- ビルドの方法やツール
- ファイル、ディレクトリ名の命名規則
- 余白設計のルール

どういった内容をここに含めるべきかは、是非GoogleやDropboxのスタイルガイドを参考にしてほしい。こういった情報がまとまっているだけで、チームメンバーを大きく助けることができる。

助けることができるのは、チームメンバーではなく、半年後の自分かもしれない。人間はすぐに忘れてしまう生き物なので、今当たり前のように覚えていることでも、それがずっと覚えられていると思わないほうがよい。いくつものプロジェクトを行ったり来たりするのであれば、半年後にプロジェクトに戻ってきたとき、浦島太郎みたいな気分になるかもしれないのだ。

例に挙げたのはGoogle、Dropbox、GitHubのスタイルガイドであるが、そのような企業では、国をまたいで開発者が共同作業をしているはずである。そのような場合、このようなコーディングルールがないと大変なことになるのは想像に容易いだろう。

超単純コンポーネント一覧

次にスタイルガイドにまとめたいのは、コンポーネントの一覧。GitHubのPrimerで紹介したようなものである。ここでいうコンポーネントとは、BEMでいうBlockのこと。作ったBlockを列挙しておくと、色々とよいことがある。

Primerでは、一つ一つのコンポーネントに対して事細かに説明が書かれているが、そんなに丁寧にまとめあげなくとも、ひとまず単純に作ったBlockのコードを並べたHTMLを作っておくだけで開発の大きな助けになる。

ここでは、ごく単純なコンポーネント一覧の例を挙げてみる。

まずはBlock名を示すためのラベルとなるBlockを一つ用意する。

```
<div class="debug-label">お問い合わせカラム: b-contact-column</div>
```

```
.debug-label {
  background: orange;
}
```

そして、これをBlockの前に置く。

```
<div class="debug-label">お問い合わせカラム: b-contact-column</div>
<section class="b-contact-column">
  <h2 class="b-contact-column__title">お問い合わせ</h2>
  <p class="b-contact-column__p">この製品についてのお問い合わせは……</p>
  <ul class="b-contact-column__nav">
    <li><a href="#">お問い合わせページ</a></li>
  </ul>
</section>
<div class="debug-label">画像＋テキスト: b-media-column</div>
<div class="b-media-column">
  <div class="b-media-column__text">
    <p>画像とテキストを組み合わせたBlockです……</p>
    <p>画像とテキストを組み合わせたBlockです……</p>
    <p>画像とテキストを組み合わせたBlockです……</p>
  </div>
  <div class="b-media-column__media">
    <img src="path/to/dummy/image.png" alt="" />
  </div>
</div>
<div class="debug-label">資料請求ナビ: b-request-doc-nav</div>
<div class="b-request-doc-nav">
  <p class="b-request-doc-nav__text">資料請求はこちらのページより……</p>
  <ul class="b-request-doc-nav__list">
    <li><a href="#">資料請求</a></li>
  </ul>
</div>
```

そして、debug-label Blockには、すぐ後に書いたBlockの名前とクラス名でも入れておく。

すると、次のような見た目になる。

これがコンポーネントの一覧。

この画面に、プロジェクト内で作ったBlockを同じようにひたすら並べていく。すると、このページを見ただけで、どういうBlockがそのプロジェクト内で用意されているのかが一覧できる。

Blockの数が多くなるようであれば、HTMLを分けるとよりわかりやすい。例えば製品情報で使うBlockは、`products.html`にまとめておくとか、トップページで使うBlockは`top.html`にまとめておくなどである。そうすれば、画面ごとにその画面で使えるコンポーネントがどれなのかをすぐに判断することができる。

仕組みとして何か難しいことは全くない。ただこれだけである。

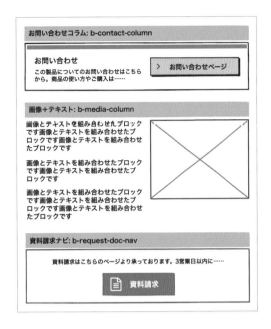

コンポーネント一覧の何がありがたいか

このコンポーネントの一覧、これがあることで何が嬉しいのか。

例えば、製品情報の画面を作った後に、会社情報の画面を作るという流れでHTMLとCSSを書いていたとする。会社情報のHTMLとCSSを書いていく中で、デザインカンプにあるUIをBlockに分けてコツコツコーディングしていくわけであるが、ふと、「あれ？ このBlockって、製品情報でも作った気がするぞ……？」ということに気づく。

よし、では製品情報の画面を見直してみようと思い、製品情報のHTMLを確認してみるも、製品情報はもうすでにECのパッケージに組み込まれた後の状態だった。ECのパッケージに組み込まれたHTMLは、すでにPHPが混ざり、条件により書き出されるHTMLが分岐する処理がすでに入っている状態となっていた。

ECパッケージの組み込みはまだ途中の段階で、ローカル環境で動かすことはまだ難しい状況であった。ここからすでに作ったHTMLを抜き出してくるのは若干労力がかかる。

……こんなとき、ただBlockを並べただけでもいいので、コンポーネント一覧を作っておいたらどうだろう。そこからコピペしてくるだけでよかったはず。

そもそも、「製品情報で作った気がするぞ……?」ということに気づくことができなければ、2度、同じUIをコーディングしてしまうことになるだろう。自分で両方の画面を作っているなら気づくだろうが、開発が引き継がれたみたいな状況では、どういうBlockがコーディングされているのかを把握するのはもっと難しい。BlockのHTMLを列挙したHTMLが一枚あるだけで、こういった問題に陥らなくて済むようになる。これは非常に大きい。

コンポーネント一覧を前提としたコーディングの流れ

なるほどコンポーネントの一覧はありがたい。でもこれって、Block作った後に逐一コピペして作るんですか?と思われるかもしれない。別にそれでもよいのだが、筆者的にはむしろ、コンポーネント一覧のHTML上でBlockのHTMLを書きながら、完成したHTMLのコードを具体的な画面へとコピペし、最終的なテキストや画像素材を入れるという流れで作業を行うのをオススメする。

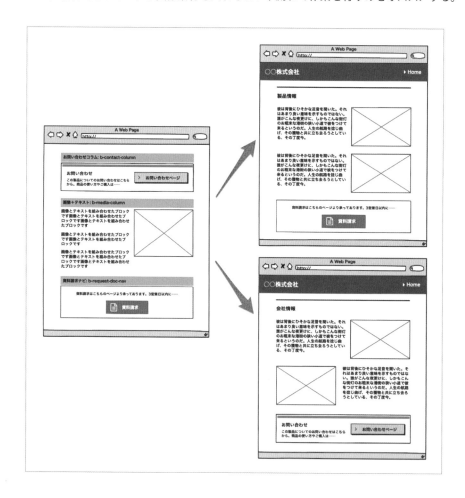

雛形を先に作って効率アップ

なぜそうするのかと言うと、そのような流れで実装を行うと、**CSSを書くときは具体的なテキストや画像素材について気にしなくてよくなる**というのが1つ目の理由。この結果、実装効率が上がるかもしれない。

実際に公開する画面のHTMLへは、当然ながら、その画面で読ませたいテキストや、見せたい画像を入れる必要がある。しかし、CSSを書くためには、テキストや画像はなんでもよく、ダミーのテキストや画像が入っているだけで十分である。HTMLの文法とCSSについて考えながらコードを書かなければならないところに加え、「この原稿や画像は正しいのか？」「誤字脱字がないか？」みたいなことにも気を回していては、気が散ってしまう。

まずはコンポーネント一覧のHTMLにて、Blockの雛形を作る。　それを集中して終わらせた後に、本場の原稿や画像を入れるという流れで作業をすすめるのが楽である。長くテキストを入れた場合にどうなるか、画像のサイズがもっと大きくなったらどうなるか……などの検証も、雛形を作り、原稿を流し込むという流れで作業したほうがやりやすい。

コンポーネント一覧の更新漏れを防ぐ

2つめの理由は、具体的な画面を作った後にコンポーネント一覧を更新しようとすると、**コンポーネント一覧を最新の状態に保てなくなる可能性が発生する**からである。

例えば、一日の終わり間際、終業ギリギリでBlockのHTMLとCSSを作り終え、明日コンポーネント一覧を更新しようなどと思い帰路につく。次の日、突然急ぎの仕事が入ってきたら、コンポーネント一覧は更新されないまま終わるのではなかろうか。

それは実装者個人の問題でしょうと思われるかもしれないが、コンポーネント一覧で新しいBlockを作り、具体的な画面のHTMLを書くときは、コンポーネント一覧からHTMLをコピペする。この流れを厳守するだけで、このような漏れが発生する可能性はゼロになる。

いきなり具体的な画面でHTMLとCSSを書いている人にとっては、若干面倒に感じられるかもしれないが、この流れでコードを書いていくことで、コンポーネント一覧は自動的に完成する。これにより得られる恩恵は大きい。

コンポーネント一覧のメンテナンス

　一通り開発が完了し、運用のフェーズになると、コンポーネント一覧は放置されてしまいがちになるかもしれない。というのは、運用のフェーズになると、一からHTMLとCSSを書いているわけではないので、動いているコードに手を付けたほうが早いためである。

　今例として挙げたような、書いたHTMLをECパッケージに組み込むみたいなケースを想像してみてほしい。公開後、アイコンの位置がズレていたことに気づき、すでにPHPに組み込まれたHTMLの断片をちょっといじって修正を完了させた。こういうことは、よくあることかと思う。

　しかし、このような場合でも、可能ならコンポーネント一覧を更新するところから始める方がよい。そうしないと、コンポーネント一覧のHTMLには、修正前の壊れた状態のコードが混ざってしまうことになる。このように更新されなくなったコンポーネント一覧は、そこにあるものが最新のコードなのか否かが判断できなくなった時点で、全く意味のないものとなってしまうのだ。

　後からコンポーネント一覧を整備するというのは大変な作業になることがある。なぜなら、そこに列挙されているコードがそれぞれ最新の状態かを確かめる手軽な方法は存在しないため、一つ一つ確認し直さなければならない。コンポーネント一覧を直すことから始めれば、このコストは最小限になるので、そんな風に壊れたコンポーネント一覧を直して回るのは、まったくもって無駄な作業コストである。

　個人のサイトやブログなど、小規模なWebサイトであれば、コンポーネント一覧をメンテナンスし続ける必要性は薄いと思うが、長く運用されるWebアプリケーションや企業のWebサイトなどでは、コンポーネント一覧の存在が、運用にかかる工数に影響してくるだろう。

もっとスタイルガイド

　このような、コーディングルールやコンポーネントの一覧をまとめたものを、世の中的には「スタイルガイド」と呼んだりするわけだが、このようなドキュメントの作成を助けてくれる、便利なオープンソースのソフトウェアが色々と存在している。
　その例として、

- hologram
- Storybook

の2つを軽く紹介する。

hologram

もう今はメンテナンスされておらず、特にオススメもしないが、筆者はhologramというRuby製のソフトウェアを好んでよく使っていた。

hologram
https://trulia.github.io/hologram/

このhologramというツールは、CSS内のコメントに書かれたコードを読み取り、コンポーネントの一覧を自動で作ってくれる。

例えば以下のようなコメントをCSSの中に書くと、

```
/*doc
---
title: Badge Colors
parent: badge
name: badgeSkins
category: Components
---
Class          | Description
-------------- | -----------------
badgeStandard  | This is a basic badge
badgePrimary   | This is a badge with the trulia orange used on CTAs
badgeSecondary | This is a badge with the alternate CTA color (Trulia green)
badgeTertiary  | This is a badge for a warning or something negative
```html_example
<strong class="badgeStandard">Sold</strong>
<strong class="badgePrimary">For Sale</strong>
<strong class="badgeSecondary">For Rent</strong>
```
*/
.badgeStandard {
  background-color: #999999;
}
.badgePrimary {
  background-color: #ff5c00;
}
.badgeSecondary {
  background-color: #5eab1f;
}
```

以下のようなHTMLを自動で作ってくれる。

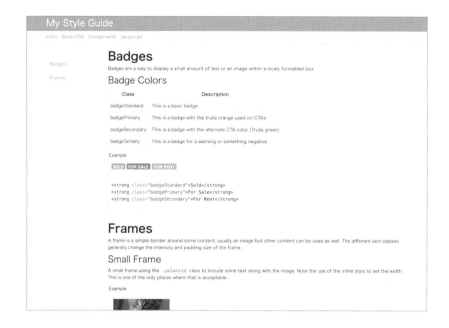

　コメント内に書いた Markdown 形式のテキストを、HTML にしてくれているのがわかると思う。CSS のコメントを書いているだけで、コンポーネント一覧ができてしまうという感じである。CSS にはどのみち、書いたルールが何を示すのか軽くコメントで補足しておきたいので、これは効率的である。コメントをちょっと丁寧に書けば、自動でドキュメントができてしまうというわけだ。

Storybook

　2021 年 11 月現在、Web アプリケーションや Web サイトを作るベースとして、React や Vue.js などのライブラリが採用されることが多く、そのような開発環境では、単純に CSS を書いたりするわけではなかったりする。

　そのような、様々な開発環境に対応している Storybook というソフトウェアがあり、大きな企業でも使われているというのをちらほら見かける。

Storybook
https://storybook.js.org/

　Storybook はとても機能が豊富で、アドオン形式で好きなようにカスタマイズできる仕組みになっており、ウィンドウのサイズによる変化の確認、コンポーネントのバリエーションの表現、アクセシビリティのチェック、スナップショットの作成などなど、コンポーネントベースで開発を行う際の中心となりえる存在感を持っている。

166

どこまでスタイルガイドを作り込むべきか

　こんな風に、スタイルガイド作成を補助してくれるソフトウェアを導入することで、比較的手軽に利便性の高いスタイルガイドを作り上げることができる。hologram、Storybookと紹介したが、筆者としては、このようにスタイルガイドを作るためのソフトウェアとしては、Storybook一強という印象である。

　シンプルにHTMLとCSSを列挙してくれるhologramのようなソフトウェアで著名なものがあってもよさそうで、何かいいものがあればそっちを紹介したかったが、本書執筆時、皆名前を知っていて使われているというようなソフトウェアが見当たらなかった。Storybookが強いのは、開発環境の多様化が進んだ現在のWebフロントエンド界隈に、うまく追従しているからなのかもしれない。

ただ、こういったソフトウェアを使うなどしてスタイルガイドを整備するということは、それに費やさなければならない作業工数もそれなりにかかることに注意されたい。息の長いサービスだったり、開発者が多数いるようなプロジェクトであれば、スタイルガイドを作り込むためにかけたコストを超える見返りが得られるかもしれないが、一通り作りきったら、後はそこまで変更や追加がないようなWebサイトの場合、スタイルガイドを頑張って作り込んでも、その実装コストに見合う効果は得られないかもしれない。

　そんなわけで、とりあえずは超単純でいいので、コンポーネント一覧を並べておくHTMLを作っておくというのが、筆者として基本的なスタンスとしてオススメする方法である。スタイルガイドをどの程度まで作り込むかは、プロジェクトを取り巻く種々の環境を鑑みて判断されたい。

●

　以上、スタイルガイドはよいぞという話を今回は書いた。
　ざっくりまとめると、以下をやっておくと色々と助かるぞということである。

　●コーディングのルールをまとめておく
　●コンポーネントの一覧を作っておく

　そんなに立派なものである必要はなく、未来の自分のためだけにでもよいので、スタイルガイドを作っておくことはオススメしたい。

　なお、今回軽く言葉だけ登場した「デザインシステム」については、前回紹介したAtomic Designという書籍にて詳しく解説されているので、ご興味あればご参照されるとよいかと思う。

ビルドしてCSSを作る：
書いたCSSはそのまま使わない

今回から、4回に分けて、ビルドについて書いていく。
ビルドとはなんぞやと言う話と、CSS設計にどのように活かせるのかという話である。
第一回目としてはまず、ビルドとは何かということを理解してもらい、何も知らない読者が自分で触ってみる気になることを目指す。

ビルドって何？

　これまで、CSSをどう書くという話を延々と書いてきたわけであるが、2021年11月現在、それなりの大きさのプロジェクトになれば、書いたCSSファイルをそのままブラウザに読み込ませず、一旦ビルドというステップを経るのが一般的な開発のフローとなっている。

　もちろん、ただCSSを書き、HTMLファイルの中でlink要素を使ってCSSファイルを参照すれば、CSSファイルは何事もなく読み込まれる。そのように作るWebサイトもたくさんあるし、昔から制作者はそのように実装を行ってきた。しかし、昨今では皆、書いたCSSに何かしらの処理を加えて最適化したり、別のフォーマットで書かれたテキストファイルを変換して得られたCSSファイルをブラウザに読み込ませたりなどしている。

　なんのためにそんなことをするのかというと、コードを効率的に書けるようにしたり、管理をしやすくしたり、パフォーマンス向上のためだったりなど、理由は様々である。どのような利点が得られるのかはここから数回に渡り紹介していくとして、ひとまず、このような処理のことを「ビルド」と呼ぶということをまずは知ってほしい。このビルド、もはや開発において必須な知識となっており、今後もこの流れが変わることは、そうそうないだろうと思われる。

　そんなわけで、HTMLとCSSを書くスキルを伸ばしていくということの過程には、自分でビルドを組み立てられるということも含まれていると考えておいてほぼほぼ間違いないと筆者は考える。

　ビルド？　それはCSS設計と関係ないのでは？　と思われるかもしれないが、CSS設計もまた、ビルドに依存する部分が大きかったりする。

今回は、まず

● ビルドというのはどんなものなのか？

● どうやってやるのか？

について理解していただければと思う。

minify

例えば www.yahoo.com を見てみる。

ブラウザの機能でHTMLのソースコードを覗き、その中にあるCSSファイルを開いてみると、こんなコードを見つけることができる。

```
/*! normalize.css v3.0.2 | MIT License | github.com/necolas/normalize.css */html{font-
family:sans-serif;-ms-text-size-adjust:100%;-webkit-text-size-adjust:100%}body{margin:0}articl
e,aside,details,figcaption,figure,footer,header,hgroup,main,menu,nav,section,summary{display:b
lock}audio,canvas,progress,video{display:inline-block;vertical-align:baseline}
audio:not([controls]){display:none;height:0}[hidden],template{display:none}a{background-
color:transparent}a:active,a:hover{outline:0}abbr[title]{border-bottom:1px dotted}
b,strong{font-weight:700}dfn{font-style:italic}h1{font-size:2em;margin:.67em 0}
mark{background:#ff0;color:#000}small{font-size:80%}sub,sup{font-size:75%;line-height:0;positi
on:relative;vertical-align:baseline}sup{top:-.5em}sub{bottom:-.25em}img{border:0}
svg:not(:root){overflow:hidden}figure{margin:1em 40px}hr{box-sizing:content-box;height:0}
pre{overflow:auto}code,kbd,pre,samp{font-family:monospace,monospace;font-size:1em}button,input
,optgroup,select,textarea{color:inherit;font:inherit;margin:0}button{overflow:visible}
button,select{text-transform:none}button,html input[type=button],input[type=reset],input[type=
submit]{-webkit-appearance:button;cursor:pointer}button[disabled],html input[disabled]
{cursor:default}button::-moz-focus-inner,input::-moz-focus-inner{border:0;padding:0}
input{line-height:normal}input[type=checkbox],input[type=radio]{box-sizing:border-
box;padding:0}input[type=number]::-webkit-inner-spin-button,input[type=number]::-webkit-outer-
spin-button{height:auto}input[type=search]{-webkit-appearance:textfield;box-sizing:content-
box}input[type=search]::-webkit-search-cancel-button,input[type=search]::-webkit-search-
decoration{-webkit-appearance:none}fieldset{border:1px solid silver;margin:0 2px;padding:.35em
.625em .75em}legend{border:0;padding:0}textarea{overflow:auto}optgroup{font-weight:700}
table{border-collapse:collapse;border-spacing:0}td,th{padding:0}[dir]{text-align:start}
[role=button]{box-sizing:border-box;cursor:pointer}:link{text-decoration:none;color:#324fe1}:v
isited{color:#324fe1}a:hover{text-decoration:underline}abbr[title]{border:0;cursor:help}
b{font-weight:400}blockquote{margin:0;padding:0}body{background:#fff;color:#000;font:13px/1.3
"Helvetica Neue",Helvetica,Arial,sans-serif;height:100%;text-rendering:optimizeLegibility;fo
nt-smoothing:antialiased;-moz-osx-font-smoothing:grayscale}button{box-sizing:border-
box;font:16px "Helvetica Neue",Helvetica,Arial,sans-serif;line-height:normal;background-
color:transparent;border-color:transparent}dd,dl,p,table{margin:0}fieldset{border:0;margin:0;p
adding:0}h1,h2,h3,h4,h5,h6{font-size:16px;margin:0}html{height:100%}i{font-style:normal}
```

```
img{vertical-align:bottom}input{background-color:#FFF;border:1px solid #CCC;box-sizing:border-
box;font:16px "Helvetica Neue",Helvetica,Arial,sans-serif;display:inline-block;vertical-
align:middle}input[disabled]{cursor:default}input[type=checkbox],input[type=radio]
{cursor:pointer;vertical-align:middle}input[type=file],input[type=image]{cursor:pointer}
input:focus{outline:0;border-color:rgba(82,168,236,.8);box-shadow:inset 0 1px 1px
rgba(0,0,0,.075),0 0 8px rgba(82,168,236,.6)}input::-webkit-input-placeholder{color:rgba(0,0,0
,.4);opacity:1}input::-moz-placeholder{color:rgba(0,0,0,.4);opacity:1}input:-ms-input-placehol
der{color:rgba(0,0,0,.4);opacity:1}input::placeholder{color:rgba(0,0,0,.4);opacity:1}
ol,ul{margin:0;padding-left:0;list-style-type:none}optgroup{font:16px "Helvetica
Neue",Helvetica,Arial,sans-serif}select{background-color:#FFF;border:1px solid #CCC;font:16px
"Helvetica Neue",Helvetica,Arial,sans-serif;display:inline-block;vertical-align:middle}
select[multiple],select[size]{height:auto}textarea{background-color:#FFF;border:1px solid
#CCC;box-sizing:border-box;font:16px "Helvetica Neue",Helvetica,Arial,sans-
serif;resize:vertical}textarea:focus{outline:0;border-color:rgba(82,168,236,.8);box-
shadow:inset 0 1px 1px rgba(0,0,0,.075),0 0 8px rgba(82,168,236,.6)}.SpaceBetween{text-
align:justify;line-height:0}.SpaceBetween:after{content:"";display:inline-
block;width:100%;vertical-align:middle}.SpaceBetween>*{display:inline-block;vertical-
align:middle;line-height:1.3}.Sticky-on .Sticky{position:fixed!important}.Scrolling
#MouseoverMask{position:fixed;z-index:1000;cursor:default}
```

スペースや改行が一切取り払われた状態になっているのだ。

　これは一体どういうことなのだろうか、開発者はスペースや改行を使わずにコードを書いているのだろうか？　当然そんなわけはない。CSSのコード的には、必要な箇所以外のスペースや改行は、あってもなくても動作に影響を与えないので、公開する前に取り除いてしまっているのだ。

　このような、コードの動作を変えずに容量を減らす処理のことを**minify**と呼ぶ。minifyという単語は、「ちっちゃくする」的なニュアンスを持っており、「CSSファイルをminifyする」などという風に使う。

　HTMLやJavaScriptについても同様のことが可能で、色々なサイトのソースコードを覗いてみれば、スペースも改行も入っていないコードを多数目にすることができるだろう。このようにコードをminifyすることで、転送容量を削減し、ユーザーに少しでも早く画面を表示させたり、インフラにかかるコストを減らすというような効果が期待できる。

やってみようminify

　「容量が減るんですね。だったらやるしかない！」わけなのだが、こんな風にminifyするにはどうすればいいのか。

　必要なのはファイル内のスペース、改行を取り除くことなので、これを行うプログラムを書けばよい。とは言ってもCSSのルールがおかしくならないようにしなければならず、色々考慮しないといけな

いところはあるわけで、単純な置換では成り立たない。

　ではそういう風にコードをminifyしているWebサイトは、みんなそういうプログラムを書いているか言われれば、全くそういうことはない。ほぼすべてのケースにおいて、何かしら、minifyしてくれるオープンソースのソフトウェアを使っているはずである。

　とりあえずこのminifyを試してみたい場合、Webサイト上から手軽に試せたりもする。

　例えば以下はCSS Minifierというサイトだが、表示されているフォームにCSSをペーストし、「Minify」ボタンを押すと、右側にminify後のコードが表示される。

CSS Minifier
https://cssminifier.com/

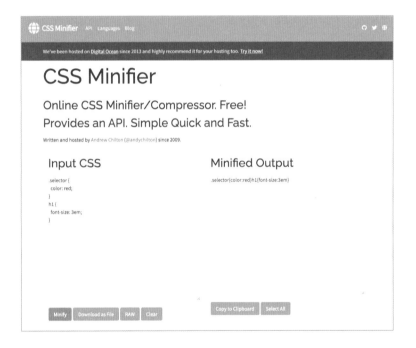

　こんな風に、minifyすること自体は誰でも可能である。minifyをしたことがない方は、上記に挙げたようなWebサイトを使い、とりあえずどんな風に動作するのかを実感してみてほしい。

手元でminifyしてみる

なるほど、Webサイトでできる。ではCSSを更新するたび、今紹介したようなWebサイトでいちいちコードをminifyしているのか？と言われれば、当然そんなことはない。2021年11月時点だと、フロントエンドのプロジェクトでこんな風にminifyをするなら、**npm**（Node package manager）に登録されている何かしらのパッケージを使うことがほとんどだと思われる。

ここからは、clean-css-cliというパッケージを使い、CSSファイルをminifyする手順を解説する。

早速minifyの手順を解説したいところであるが、この処理をある程度正確に理解してもらうため、まずはそのnpmというのは何なのか？ということと、Node.jsについて軽く解説しておく。

Node.js

まず、**Node.js**とは何かという点について。

Node.jsとは、JavaScriptを動かすことのできるプログラムで、サーバーサイドでJavaScriptを動かしたい場合に使われる。

Node.js
https://nodejs.org/

サーバーサイドでJavaScriptを動かして何をするのかと言うと、Webサーバーを立てたり、DBにアクセスしたりなどするのである。そんな風にNode.jsを使ってサーバーサイドの機能を開発するというケースもたくさんあるが、ただそれだけではなく、今回のように手元でCSSをminifyしたりするような、ビルドの処理を組み立てるためにもよく使われるようになった。

このclean-css-cliを動かすには、まずNode.jsをインストールし、手元でJavaScriptを実行できる環境を用意する必要がある。「JavaScriptを動かす？ そんなのChromeやらFirefoxがウチのマシンには入ってますよ」と思われるかもしれないが、それでは望んでいるようなビルドはできない。

Node.jsをインストールすると、ブラウザとは関係なしにJavaScriptを動かすことができるようになる。ターミナルなどのコマンドラインで以下のように打ち込むと、my-scripts.jsの内容が実行できるようになるのである。

```
node my-scripts.js
```

このコマンドを打ったとき、my-scripts.jsの内容を処理してくれるのがNode.jsなのだ。

ブラウザで動かすJavaScriptというのは、主に、表示されている画面についてレンダリングされた結果をいじったり、リクエストを新しく飛ばしたりするために使う。ブラウザが用意したAPI（単純に言うと「機能」のこと）であるDOMやXMLHttpRequestを、JavaScriptから利用して実現される。

ではNode.jsがやることは？ というと、ブラウザ上でやることとは少し毛色が異なる。コマンドラインから実行したJavaScriptというのは、何かセットになっているHTMLファイルがあるわけではない。ChromeやFirefoxなどのブラウザは全く別のプログラムなので、ブラウザが用意しているAPIは使えない。その代わり、Node.jsが用意してくれているAPIを使うことができる。このAPIを使うと、ファイルを読んだり書いたり、HTTPサーバーを立てたり、通信したりというようなことができる。そういうAPIとJavaScriptの実行環境を提供してくれるのがNode.jsというプログラムなのである。

CSSをminifyする。その処理自体は文字列をゴチャゴチャ置換するような処理なので、ブラウザ上でもNode.jsからでもできるのだが、ローカルのファイルを読んだり書いたりするには、Node.jsが提供している、File Systemという、ファイルの読み書きを行うAPIが必要なのだ。これはブラウザ上では（基本的に）行うことができない。

追って解説するSassやPostCSSを始めとする、様々な便利なパッケージはNode.js上で動くように作られており、これらを利用するにはNode.jsが必要である。そんな背景があり、昨今のフロントエンド開発において、Node.jsは必須と言ってしまってよいと思う。

Node.jsが普及する前は、RubyやPythonなど、別の言語でこのようなビルド処理を組み立てることが多かったが、最近は専らこのような役割はNode.jsが担うようになっている。おそらく、フロント

エンド開発と親和性の高いJavaScriptを使いこのような処理が行えるという点が、Node.jsが採用される理由として大きいのかもしれない。

　そんなこんなで、長々と説明してきたが、minifyするにはNode.jsが必要なのである。なのでまずはNode.jsをインストールしていただきたい。

npm

　次にnpmについて。npmとは、Node.jsのパッケージを管理するための仕組み、およびそのプログラムの名前のことである。

npm
https://www.npmjs.com/

　先程、Node.jsを使うとローカルでファイルを書いたりサーバーを立てたりすることができると書いたが、Node.jsにやってほしいことは色々とある。しかし、あれもこれもと、できることをすべてNode.jsに詰め込むわけにはいかない。そんなことをしていたら、Node.jsというプログラムは無限に大きくなってしまうだろう。Node.jsについてそこまで詳しくないので、正確にどういう塩梅なのかは明言できないが、Node.jsはコアな機能だけを提供するので、それ以上のことは、自分でやってくださいというスタンスだというのが筆者の理解だ。
　例えば、ファイルを読み書きできる機能をNode.jsは提供するが、PDFファイルを作ったり、zipファイルを解凍するみたいなことをやりたかったら、Node.jsのコアな機能を使い、PDFを作ったりzipを解凍したりするロジックを自分で書いてくださいという具合である。

　そこで登場するのがnpm。そういう風にzipファイルを解凍したいと思った開発者が、zipファイルを解凍するコードを書いた。npmは、そのようなコードをパッケージとして誰でも登録することが可能なのである。npmに公開されているパブリックなパッケージは、誰でも自由にダウンロードすることができ、ライセンスに応じて自身のプロジェクトに活かすことができる。ちなみに、npm公式ブログによれば、2019年7月時点で130万を超えるパッケージがnpmに登録されているらしい。ものすごい数である。

　いまここでやろうとしているminifyという処理は、ファイルを読み、中に書かれた文字列を処理し、書き出すという流れで実現されるものであり、その一連の処理をまとめたものが、clean-css-cliという名前のパッケージとして、npmへ登録されているというわけだ。npmに登録されているパッケージにはそれぞれ、その内容を示す以下のようなページが用意される。

npm: clean-css-cli
https://www.npmjs.com/package/clean-css-cli

　このnpmの存在は、昨今のフロントエンド周りの開発を大きく支える存在となっている。そんな風に、npmに登録されているパッケージを使い、開発者はプロジェクトに必要なビルドの処理を組み立てることができるのだ。

　そしてもう一つ。ちょっと混乱するかもしれないが、このnpm、どうやって利用するかと言うと、npmという名前のコマンドを使うことになる。Node.jsがインストールされると、同時にnpmコマンドもインストールされる。このnpmコマンドを使い、clean-css-cliをインストールすれば、ローカルでminifyすることが可能になるわけなのである。

　……ということで、ここまでだいぶ説明が長かったが、こういったビルドをするというのは、現代の開発ではコードを書いていく上で避けられない道筋であり、開発の現場に入っていくつもりがある方は、ざっくりとでもいいのでこの辺りの仕組を理解する必要があるだろう。

clean-css-cliを動かす

　さて、やっとのことでclean-css-cliを動かす準備が整ったわけだが、やることは単純である。まずは、Node.jsがインストールされている状態で以下のコマンドを打つ。

```
npm install clean-css-cli --global
```

　すると、ローカル環境にclean-css-cliがインストールされる。これでclean-css-cliを使ってCSSをminifyする準備が整った。

　適当なディレクトリでstyles.cssを作り、その内容を以下のようにする。

```
.selector {
  color: red;
}
h1 {
  font-size: 3em;
}
```

　clean-css-cliをインストールした後は、コマンドラインでcleancssコマンドが使えるようになっている。styles.cssを置いたディレクトリまで移動し、以下のように入出力のファイルを指定すると……

```
cleancss --output styles.min.css styles.css
```

　styles.min.cssが作られる。その中を覗いてみると、以下のようになっている。

```
.selector{color:red}h1{font-size:3em}
```

　こんな風に、npmパッケージのclean-css-cliを使うと、コマンド一発でお手軽に手元でCSSのminifyが行えるというわけだ。

色々ビルドしたい

clean-css-cliではCSSをminifyしたが、この他にもHTMLやJavaScriptをminifyするパッケージは多数あり、これらを好きに組み合わせて使うことができる。minifyでコードの容量を減らすだけではなく、SVGや画像を最適化しファイル容量を減らしたり、zipファイルを作ったりすることなんかも可能である。

imagemin

例えば、imageminというパッケージは、画像ファイル内の不要なデータを削除したりなどして、ファイルサイズを小さくしてくれる。

npm: imagemin
https://www.npmjs.com/package/imagemin

以下は、imagemin使用前後のPNGファイルの一覧であるが、使用前（左側）ではどのファイルのサイズも1MB近いのに対し、使用後（右側）はいずれも100kbほどと、約1/10のサイズになっている。

劇的にファイルサイズを減らすことができるのがわかると思う。
このimageminは、画像ファイル内の不要な部分を取り除いたり、画質を落としたりしてこのようなサイズの最適化をしてくれる。
こんな風に、ビルドに役立てることができるパッケージがnpmにはたくさんある。

npm scripts

　そんな風にnpmのパッケージを利用し、様々な処理を行うことができるわけだが、やりたいことが10個ぐらいになったらどうすればいいのか？ 10回コマンドを打たなければならないのか？ というと、そんなことはない。複数の処理をまとめて実行させるには、npm自体が用意しているnpm scriptsや、gulpというパッケージが利用されることが多い。

　npm scriptsは、package.jsonというファイル内、scriptsというキーに書いた処理を、npmコマンド経由で実行できるようなものである。例えば以下の内容をpackage.jsonに書き、

```
{
  "name": "minify-example",
  "scripts": {
    "minify": "npm run minify-css && npm run notify-done",
    "minify-css": "cleancss --output styles.min.css styles.css",
    "notify-done": "echo done!"
  }
}
```

　そのディレクトリでnpm run minifyというコマンドを実行すると、今回紹介したclean-css-cliを実行する処理を実行した上で、done!と出力させることができる。cleancssによるminify処理、done!出力の処理、この2つを順番に実行する処理を定義し、実行したという形になる。

　この実行結果は以下。

```
npm run minify
> minify
> npm run minify-css && npm run notify-done
> minify-css
> cleancss --output styles.min.css styles.css
> notify-done
> echo done!
done!
```

　minifyされたCSSファイルstyles.min.cssも作成される。

　npm scriptsについて本書では詳しく解説しないが、npm scriptsを使うことで、HTMLとCSSとJavaScriptをminifyし、SVGと画像を最適化するというような処理を、コマンド一発で実行させたりすることができる。

gulp

npm scriptsを使う以外にも色々な方法があるが、フロントエンド開発界隈では、様々な処理を色々とお手軽にできるようにしてくれるgulpというパッケージがよく利用されているのを見かける。

gulp
https://gulpjs.com/

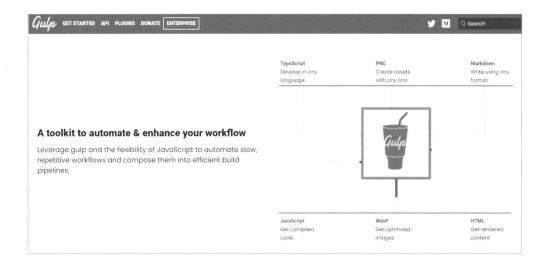

npm scriptsの説明として、単純に2つの処理を組み合わせた例を紹介したが、やりたいことが増えてくると、npm scriptsで書いていくのがなかなか辛くなってくる。

一口にビルドするといっても、HTMLとCSSとJavaScriptをそれぞれminifyしたかったり、minifyしたファイルをくっつけて1つにしたり、zipファイルを作ったり、画像を移動したりなど、やりたいことはどんどん増えてくる。そしてこれらの処理を並行して実行させたかったり、順番に実行させたかったり。そういうことをnpm scriptsだけでやるのは、できないわけではないがもっと手軽にやりたい。そんなワガママを叶えてくれるのがgulpというパッケージなのである。

gulpを使うと、様々な処理を、プラグインを追加するという形で利用することができる。本書では突っ込んで解説しないが、ここまでで例として挙げたようなことをやってみたいのであれば、gulpを使うのが比較的手軽だと言える。興味のある方は是非試してみるとよいと筆者は思う。

今回はビルドというのがどんなものなのかをざっと解説した。ひとまず、昨今、ブラウザで読み込ませているファイルは、こんな風に何かしらの処理が加えられた結果のファイルだったりすることを知っておいてほしい。

　インストールしたり、コマンドラインを使ったりなど、そういうのは苦手……と感じられる方がいるかもしれないが、昨今の開発においては、HTMLとCSSについての専門性を高めていく中で、このようなビルドを自分で組めることはほとんど必須と思ってほしい。

　次回以降解説する、SassやPostCSSを利用するにも、ビルドを用意することは必須なので、苦手意識を持たずにチャレンジしてみることをオススメする。

第19回

ビルドしてCSSを作る：Sass

今回はSassを紹介する。

CSSを突っ込んで書いていく場合、Sassや、以降で紹介するPostCSSを始めとする、何かしらのCSSをより柔軟に書けるようにした仕組みを選んで使うことになるはずである。それらの理解のためにも、まずはSassでできることを知るのが、学習の手順としてオススメである。

Sassとは

まず、**Sass**とは何か。Sassというのは、CSSを拡張した言語である。Syntactically awesome style sheetsの略がSassらしい。文法的にイケてるスタイルシートとかどうとか言うニュアンスである。

前回ビルドについて解説した際、

> 「書いたCSSに何かしらの処理を加えて最適化したり、別のフォーマットで書かれたテキストファイルを変換して得られたCSSファイルをブラウザに読み込ませたりなどしている」

と書いた。その、CSSではない別のフォーマットの中で、ダントツで有名なのがSassである。SassにはCSS設計を強力にサポートしてくれる機能がたくさんあり、CSSを書くときに感じるであろう様々な問題を解決する方法を備えている。

Sassには、CSSには存在しない文法が多数用意されている。書いたSassのコードは、何かしらのプログラムを使うことでCSSに変換することができる。最終的にほしいのはCSSファイルなのだが、より効率的に書けるSassでコードを書き、そのコードをCSSへと変換するという具合だ。こんな風に前処理を行うプログラムは「プリプロセッサ」と呼ばれる。Sassの変換を行うプログラムは、「CSSのプリプロセッサ」である。

とりあえずSassとはどういうものなのかを知ってもらうため、Sass文法のうちのいくつかを、変換前後のコードを例示しながら解説していく。

とりたてて何かインストールしたりしなくても、SassMeisterというサイトを使うと、ブラウザ上でSassの変換結果を確認することができる。

SassMeister
https://www.sassmeister.com/

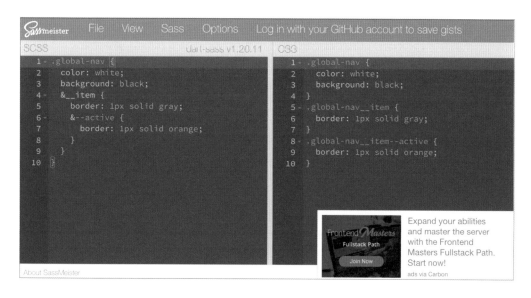

　画面上にSassのコードを書けばすぐに変換結果のCSSを確認することができるので、とりあえずこんな感じなのかという理解を得るために利用してみてもらえればと思う。

セレクタの入れ子

　では、Sassの文法に触れていこう。

　まず、Sassではセレクタを入れ子にして書くことができる。
どういうことかと言うと、Sassでは以下のようなコードの書き方が許されるのである。

```
section {
  > h2 {
    font-size: 2em;
    padding: 0 0 20px;
  }
  p {
    padding: 0 0 30px;
  }
  ul {
```

```
    padding: 0 0 20px;
    > li {
      padding: 0 0 10px;
    }
  }
  /* parent selector の例 */
  .pageType-top & {
    border: 1px solid black;
  }
}
```

このように書いたSassのコードは、以下のCSSへと変換される。

```
section > h2 {
  font-size: 2em;
  padding: 0 0 20px;
}
section p {
  padding: 0 0 30px;
}
section ul {
  padding: 0 0 20px;
}
section ul > li {
  padding: 0 0 10px;
}
.pageType-top section {
  border: 1px solid black;
}
```

　こんな風に子供セレクタや子孫セレクタなどを続けて書きたいということはよくある。そんなとき、Sassを使えば、上記のように { } の中に別のルールを突っ込むだけで、自動的に親の構造を見てセレクタを作ってくれるのだ。

　そしてSassにおいては、セレクタの中で使う & (Parent Selector) は、親のセレクタを参照する意味を持つ。これを利用すると、上記サンプルコードの最後の .pageType-top & というセレクタは、.pageType-top section と、&の部分が親のセレクタに置き換わる。これを利用することで、SMACSSのthemeルールで紹介したような書き方も、この入れ子の中で表現することができる。
　この例で挙げたようなコードをCSSで書く場合、「何度もsectionを書いて面倒だな……」と感じることはよくあるのではないだろうか。セレクタを入れ子にして書けば、何度もsectionを書かなくて良くなるし、単語のタイポやコピペミスも防げる。

もっと&（Parent Selector）

今紹介した&は、以下のようにセレクタの途中、それもクラス名の一部にも使えたりする。つまるところ、以下のようなコードが書けるのだ。

```
.global-nav {
  color: white;
  background: black;
  &__item {
    border: 1px solid gray;
    &--active {
      border: 1px solid orange;
    }
  }
}
```

このSassのコードは、以下のCSSへと変換される。

```
.global-nav {
  color: white;
  background: black;
}
.global-nav__item {
  border: 1px solid gray;
}
.global-nav__item--active {
  border: 1px solid orange;
}
```

なんとこれはBEMの記法に沿った書き方ではないか。BEMの、便利だけどクラス名が長すぎて冗長という欠点を、&を用いることでだいぶ気にならないものにしてくれる。

Sassに&が追加されたタイミングというのは、BEMが広く知られた後の時期だったので、もしかしたら、BEMの存在がSassの開発に影響を与えたのかもしれない。

BEMで書くのであれば、こんな風にParent Selectorを使うと、だいぶすっきりコードを書くことができる。

変数

次に変数。Sassでは、頭に$をつければ、それは変数であることを示す。
以下のように書いたSassのコードは、

```
// 共通の色定義
$color-text-base: black;
$color-text-note: gray;
$color-text-error: red;

// 共通の余白定義
$spacing-s: 20px;
$spacing-m: 30px;
$spacing-l: 40px;

.contact-column {
  color: $color-text-base;
  padding-bottom: $spacing-l;
}
.note-list {
  color: $color-text-note;
  padding-bottom: $spacing-s;
}
.alert-error {
  color: $color-text-error;
  padding-bottom: $spacing-m;
}
```

以下のCSSへと変換される。

```
.contact-column {
  color: black;
  padding-bottom: 40px;
}
.note-list {
  color: gray;
  padding-bottom: 20px;
}
.alert-error {
  color: red;
  padding-bottom: 30px;
}
```

変換前後のコードを見比べてもらえば、$で始まっている文字列が、それぞれ具体的な値へと置き換わっているのがわかると思う。

コードの初めの方にある、$color-text-baseや$spacing-mなど、$で始まる行が変数の宣言。$で始まる文字列が変数名で、：の後に書いた値が、その変数に格納される値となる。

```
$color-text-base: black;
```

と書けば、$color-text-baseへ、blackが格納される。そして、

```
.contact-column {
  color: $color-text-base;
}
```

のように、プロパティの値としてこの変数名を指定することで、変換後のCSSでは、変数に格納したblackが代わりに指定された状態になるという具合だ。

　こんな風に、Sassでは変数を使うことができる。何かしらのプログラミング言語を触っていれば、これはほしかった…！ というよりむしろ、CSSではこんなこともできないの？ と思っていた機能かもしれない。
　とは言っても、ほとんど同じことが実現できるCSS Variablesという仕様が、最近のブラウザでは利用可能になってきたので、Sassの変数の役割は今後少なくなっていきそうではあるが、Sassの変数は、他のSassの機能と連携させたりすることができるなどの利点が色々とあったりもする。

mixin

　次はmixin。**mixin**を使うと、ひとまとめにしたスタイルの宣言群を、複数のルールへ反映させることができる。@mixinでmixinを定義、@includeでmixinを呼び出す。
　以下のSassのコードは、

```
// フォント周りのプリセット
// Sサイズ
@mixin text-style-s() {
  font-size: 12px;
  line-height: 1.6;
}
// Mサイズ
@mixin text-style-m() {
  font-size: 16px;
  line-height: 1.7;
}
```

```
// Lサイズ
@mixin text-style-l() {
  font-size: 20px;
  line-height: 1.6;
}
.notes {
  @include text-style-s;
}
.paragraph {
  @include text-style-m;
}
.heading {
  @include text-style-l;
}
```

以下のCSSへと変換される。

```
.notes {
  font-size: 12px;
  line-height: 1.6;
}
.paragraph {
  font-size: 16px;
  line-height: 1.7;
}
.heading {
  font-size: 20px;
  line-height: 1.6;
}
```

　ここで用意している3つのmixinはそれぞれ、font-sizeとline-heightの組み合わせになっており、サイト内で使うテキストのバリエーションを想定している。

　@includeに続けてmixin名を書くと、その一文が、それぞれのmixinで定義した一連のスタイルに置き換わる。CSSを書いていると何度も同じスタイルのまとまりをコピペすることがあると思うが、そんなときはこのmixinでまとめると便利である。

　そもそも、font-sizeとline-heightはセットで考えることが多いのではないだろうか。Webサイト全体で必要な文字スタイルの組み合わせを洗い出し、それをmixinとして定義した上でCSSを書いていけば、いたずらに文字サイズのパターンを増やさなくて済むだろう。

Sassのコードを変換する

Sassの機能は他にも色々とあるが、基本的なものをいくつかを紹介した。

最初に書いたとおり、SassのコードをCSSへと変換するには、その変換を行うためのプログラムが必要なわけだが、それは具体的に何か？ もちろん、先程紹介したSassMeisterに逐一Sassのコードを書いてCSSに変換するわけではない。

チーム開発でSassを使うには、前回書いたビルドのプロセスへ、SassのコードをCSSへ変換する処理を混ぜるのが一番の方法と言える。2021年10月現在だと、npmパッケージのsassを使うのがSass公式サイトで紹介されている方法である。

npm: sass
https://www.npmjs.com/package/sass

このsassパッケージを使ってSassのコードを変換するのは、そんなに難しいことではない。前回、ビルドでclean-css-cliを使用したのと大体同じ手順である。

まずは、以下のコマンドでsassパッケージをインストール。

```
npm install sass --global
```

インストールが完了したら、適当なディレクトリにstyles.scssというファイルを作り、内容を以下にする。

```
section {
  h1 {
    font-size: 20px;
  }
}
```

先程紹介したように、セレクタを入れ子にしたSassのコードである。Sassのコードの拡張子は.scssで、「SCSSファイル」と呼んだりする。

このディレクトリで以下のコマンドを実行し、styles.scssの内容ををCSSへと変換、得られる出力をstyles.cssとして書き出す。

```
sass styles.scss styles.css
```

これで、`styles.css`として以下の内容のCSSファイルが作成される。

```
section h1 {
  font-size: 20px;
}
/*# sourceMappingURL=styles.css.map */
```

前回紹介したビルドのステップにこの変換の処理を混ぜれば、Sassで開発を行う準備の完了だ。

コラム

SCSS syntaxかSass syntaxか

ここまででSassのコードとして挙げている例はすべて、SCSS syntax（SCSS構文）で書いたものである。実はSassにはもう一つ、Sass syntax（Sass構文）というものがある。今回、初めに挙げた例をSass syntaxで書き直すと、以下のようになる。

```
section
  > h2
    font-size: 2em
    padding: 0 0 20px
  p
    padding: 0 0 30px
  ul
    padding: 0 0 20px
    > li
      padding: 0 0 10px
  .pageType-top
    border: 1px solid black
```

Sass syntaxでは、{ }は使わない。その代わりに1段階インデントを入れるのである。

どちらを使ってもよいのだが、SCSS syntaxの方が圧倒的に多く使われている印象だ。{ }の代わりにインデントを入れるというのは、それはそれで楽なのだが、筆者は仕事でSass syntaxを採用しているプロジェクトに出会ったことがない。端的に言ってSass syntaxはマイナーである。

アプリを使ってビルドする

「いやーでもちょっとビルドを組むとかハードル高いな〜」などと感じられる方もいるのではないだろうか。開発が業務のメインでない人、例えばデザインが業務の中心だったりすると、コマンドラインなんて触ったこともありませんという人もまぁいるかと思う。

実はそういう人であっても、コマンドラインに触れずにSassを開発に取り入れることはできる。どういうことかというと、npmのsassパッケージ以外にも、SassをCSSに変換する処理をしてくれるスタンドアロンのアプリケーションが存在しているのだ。

例えばKoalaというアプリケーションはその1つである。

Koala
http://koala-app.com/

このアプリの使い方は非常に単純。起動してディレクトリを選ぶと、Sassファイルが表示される。選んで「Compile」ボタンを押したら、あとはファイルが更新されるたびにSassの変換を行ってくれる。

筆者は普段Macで開発しており、このアプリもMac版の動作を確認しただけだが、WindowsやLinux版も用意されている。Node.jsをインストールせずとも、このようにSassのコードを変換してくれるアプリケーションを使ってみるというのも一つの方法ではある。

しかし、チームで開発を行う際には、筆者はこの方法をオススメしない。こういったアプリケーションに頼ってしまうと、ビルド環境を共有することが難しくなるし、メンバー間のアプリのバージョン差異により、出力されるコードの結果に違いが出たりしてしまうからである。

本書では突っ込んで解説しないが、npmにはパッケージのバージョンを固定する方法が用意されており、チーム間でビルド環境を共有することが容易である。

　それに、結局はSassの変換以外にも、minifyだったりファイルの移動だったりと、やりたいことは色々と出てくるわけで、チームで開発をしたいのであれば、ビルドを自分で組めるようになったほうがよい。

CSS設計の助けとなるSass

　こんなSassであるが、SassはCSS設計を大きく助ける道具となり得る。

　まずセレクタの入れ子なんかは、CSS設計うんぬん関係なしに、これがあるだけでだいぶコードの見通しを良くすることができるのが想像できるだろう。&（Parent Selector）も、BEMで書いていく上で大きな助けになる。

　CSSの設計的な部分で大きなインパクトがあるのは、変数やmixinである。mixinについては、紹介した例がそのままフォント周りの設計として使える内容かと思う。ここでは、変数の使い方について、すでに挙げた例の補足的に、CSS設計の観点からもう少し解説する。

色パレットとして変数を使用

　CSSをそのまま書くのであれば、当然のことながら、色名やコードは、各所にそのまま書かなければならない。そうすると、同じ黒なのに、場所によって#000000だったり、#020202だったり#040404だったりと、微妙な違いが生まれてしまうかもしれない。

```
.block1 {
  color: #000000;
}
.block2 {
  color: #020202;
}
.block3 {
  color: #040404;
}
```

　デザインカンプを見ながら一つ一つコードを書いていたら、このようなことが起こるのは別に珍しいことではない。

そこで、サイト全体で使う色のパレット的な存在を担う変数群を、どこかにまとめて定義してしまう。

```
$color-text-base: #000000; // ベースとなる文字色
$color-text-note: #666666; // 注釈の文字色
$color-text-error: #ff0000; // 警告の文字色
```

　具体的なBlockのHTMLとCSSを書く際は、必ずこのパレットの中から色を選び、使うようにする。そんな風にCSSを設計していけば、色のバリエーションが無駄に増えてしまうことはなくなる。

　そういう風にコードを書いていて、デザインカンプに#000000と#010101などという、微妙に違う色が登場したら、それはデザインカンプの方が間違っているのだ。「この#010101の黒って、#000000の間違いですよね？」と、デザイナーに突っ込むべきである。

　そもそもデザインカンプ制作の段階でそのような色の設計を行ってほしくはあるが、コードを書く者としては、HTMLとCSSを書くというステップの中で、色設計を完成させる気持ちで臨むとよいかもしれない。

余白のパターンを変数として定義

　第13回「Block間の余白の設計：前編」を思い出してほしいのだが、あの回では、Webサイト全体で余白のパターンを統一するとよいという旨の内容を書いた。そのように設計したいのであれば、Sassの変数のような仕組みは、助けになると言うより、むしろ必須と言える。

　以下のように書いていたコードは、

```
.contact-block {
  padding-bottom: 20px; /* Sサイズ余白 */
}
.related-contents-nav {
  padding-bottom: 30px; /* Mサイズ余白 */
}
```

　以下のように書けるわけだ。

```
.contact-block {
  padding-bottom: $spacing-s;
}
.related-contents-nav {
  padding-bottom: $spacing-m;
}
```

このように書いたコードは、20pxや30pxと書いたのと比べ、何を示しているのか明白。色のパレットと同様、Webサイト全体で使う余白のパターンを以下のように定義し、基本これを使うようにする。

```
$spacing-xs: 10px;
$spacing-s: 20px;
$spacing-m: 30px;
$spacing-l: 40px;
$spacing-xl: 50px;
```

このような変数を使ってCSSを書いていくことで、自然と余白の整ったUIを実装できるという結果になるだろう。この場合も色同様、あまりに余白のパターンが多くなったら、デザイナーと相談すればいい。「ここは揃えたほうがいいんじゃないですか」などというやり取りができれば理想的である。

Sassとの付き合い方

さて、こんなSassであるが、プロジェクトに導入すべきだろうか。「CSSを直接書かないなんてなんだか不思議な気分。でもこれってみんな使ってるの？ 使うべき？ 使っちゃって大丈夫なの？」と心配される方もいるかもしれない。

これには様々な考え方があるが、筆者としては、Sassを学ぶこと、導入することについて、何らためらう必要はないだろうと考える。そのくらいSassは広く利用されることになった存在である。

CoffeeScript

このSassのように、既存の技術の欠点をカバーするため、別の言語を作ってしまうというアプローチは、実は数多くある。

例えばCoffeeScriptという言語があるが、これはSassと似ていて、JavaScriptに変換することを前提としている。

CoffeeScript
https://coffeescript.org/

　CoffeeScriptでは、Sass syntaxのように { } ではなくインデントで書く。また、functionを=>と書くことができたり、class構文が使えたりなどなど、JavaScriptにほしかった機能が色々と備わっている。そんなCoffeeScriptはかなりの知名度を得て、大きめな企業でもCoffeeScriptを採用しているというような声もちらほら聞かれたが、現在ではCoffeeScriptを採用するケースはほぼないと言ってよい。

　というのは、CoffeeScriptに実装されていた諸々の機能というのは、その後JavaScriptへ（正確にはEcmaScriptへ）、より検討を重ねて改良された仕様となって追加された。そんなわけで、ブラウザの進化や他のツールのおかげで、純粋に新しい仕様の書き方でJavaScriptを書いても問題のない環境が整い、今やCoffeeScriptをあえて使う理由がほぼなくなってしまったのである。

　このCoffeeScriptのように、採用を決断した当初はベストな技術選定だと確信していたとしても、時間が経つとその選択はイマイチに思えてくることというのは、技術の移り変わりの速いこの業界ではよくあることである。寿命の長いWebサイト、Webアプリケーションであれば、あのときCoffeeScriptを選んだのは失敗だったかな……という風に、後になって微妙な気分になるということはありえることだ。

Sassを使うべき？

　Sassの話に戻ろう。ではSassはどうなのか。CoffeeScriptと同じ運命をたどるのではないか？　と心配になるかもしれない。その可能性は否定できないが、Sassの最初のリリースは2007年。本書執筆の2021年時点では、もう14歳となり、移り変わりの早いWeb開発業界で使われるソフトウェアとしてはなかなかの長寿であると言える。

　本書でも追って触れるが、CSSをどう書くかというアプローチとして、Sass以外の選択肢も色々と登場してきた。しかしながらSassは、そのようなCSSの抱える問題に絆創膏を貼る役割としてかなり知名度を得た存在である。未来のことはわからないが、たとえSassが使われなくなったとしても、そのときはSassが持っているような機能を含んだ別の存在に置き換えられている可能性は高い。

　なので、CSSを書く技術を伸ばしたいと考えている人にとっては、Sassを学ぶこと自体は、正しい学習のステップであると筆者は考える。今後もSassを使っておけば間違えないとまでは言い切れないが、Sassはいい感じに枯れた技術となっている。そして、それゆえに実際、よく使われている。

◈

　今回はSassについて紹介した。

　プロジェクトを管理したりする人間的な立場からすると、Sassを採用するケースはかなり多いので、HTMLとCSSを書く人のスキルとしては、持っておいてほしい……というか、だいぶ必須に近いと筆者は考えている。

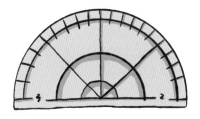

ビルドしてCSSを作る：Autoprefixer

今回はAutoprefixerを紹介する。

Autoprefixer
https://github.com/postcss/autoprefixer

Autoprefixerは、CSS設計と大して関係ないが、この存在を知らないと、ブラウザの対応がイマイチなプロパティについて悩むこと請け合いなので、ビルドの解説の一環として本書の内容に含めることにした。

開発に組み込むべきかは状況により判断すればよいと思うが、今回紹介する内容は、知識としてはほとんど必須と言っていい。また、次回紹介するPostCSSの理解のためにも適した題材である。

Can I use

Autoprefixerを理解するためには、いくつかの前提知識が必要である。それをまずは紹介する。1つ目はCan I useというWebサイト。

Can I use
https://caniuse.com/

このWebサイトは、ブラウザで使える各種機能が、どのブラウザでサポートされているのかをまとめてくれているものである。例えば、「CSS Grid Layout」というレイアウトのためのCSS仕様があるが、このサポート状況を知りたかったら、Can I useを見るのが一番だ。

Can I useを開き、入力欄に「css grid layout」などと入力してみる。すると次の図のような表示になる。

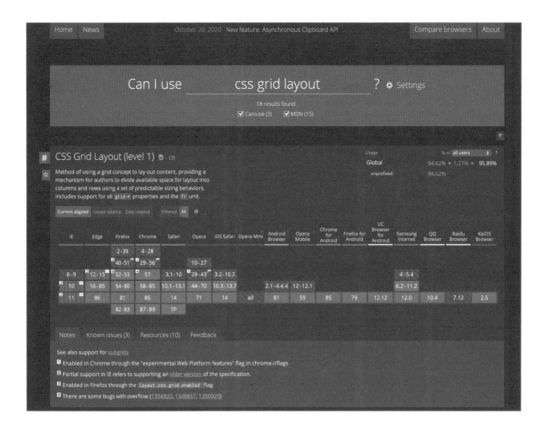

　この画面では、そのプロパティの対応状況を示している。横でブラウザの種類、縦でバージョンを示しており、緑だとサポート済、赤だと未サポート、黄色だとイマイチを示す。ブラウザ固有の問題などがあったりする場合、黄色になる。

　これをみると、IEの10と11が黄色になっていることがわかる。その下に書かれた注釈を見ると、「古いバージョンの仕様に沿った実装になっているので部分的にサポートされている」というような内容が書いてある。CSS Grid Layoutは、仕様策定の段階でプロパティやその値が変わったが、IE10や11には古い段階の仕様で実装されているという事情があるのである。

　つまるところ、IE10や11に対応するためには、CSS Grid Layoutを使うのは黄色信号。素直には行かなそうだなということが判断できる。

　Can I useというWebサイトを見れば、こんな風にCSSの仕様ごと、プロパティごとに、ブラウザのサポート状況をチェックすることができる。新しめの仕様を使いたい場合、とりあえずCan I useでそのプロパティを使って問題ないかどうかをチェックすることをオススメする。

Vendor Prefix

もう一つ知っておかなければならいのがVendor Prefix。

Can I useの紹介の中で書いたように、新しめのCSSの仕様にて定義されているプロパティを利用する場合、ブラウザのサポート状況に気を付けなければならないわけだが、そういう新しい仕様は、仕様の内容が100%確定してからブラウザへ実装されるわけではない。仕様を確定させるまでのステップの一つに、実際にブラウザがその仕様を実装するという段階があるのだ。

まずは試験的な先行実装として新しいプロパティをブラウザが実装し、その後に仕様が確定するという流れがある。この先行実装段階でそのプロパティを使うには、以下のように、CSSのプロパティの頭に、特定の接頭辞を付ける必要がある。ここではtransitionというプロパティが仕様策定中だったと仮定しよう。

```
div {
  -webkit-transition: all 1s;
}
```

この-webkit-がその接頭辞である。これをVendor Prefixという。

Vendor Prefixは、そのブラウザベンダー固有のプロパティであることを示している。WebKitであれば-webkit-、Microsoftなら-ms-、Operaなら-o-という具合に決まっている。仕様策定中であっても、-webkit-transitionというプロパティで書いたら使えますよというわけだ。

仕様が固まった段階で初めて、以下のようなVendor Prefixなしのプロパティで利用できるようになる。

```
div {
  transition: all 1s;
}
```

めでたしめでたし……と。

さて、こんな風に時間をかけて仕様が確定し、無事にブラウザにも実装されたわけだが、ユーザーが使っているブラウザのバージョンがいつも最新とは限らない。これは開発者の悩みのタネなわけだが、そのような背景を考えると、少し前のバージョンのブラウザ向けに、Vendor Prefix付きのプロパティを合わせて書いておく必要がある。

なので、こんな場合には以下のように書いたりする。

```
div {
  -webkit-transition: all 1s;
  -ms-transition: all 1s;
  -o-transition: all 1s;
  transition: all 1s;
}
```

これであれば、先行実装段階のバージョンでも有効。仕様が確定し、正式にtransitionが実装されたバージョンでも問題なしというわけだ。

Autoprefixerの出番

ここで問題がある。いやはやVendor Prefixを付けるのが面倒だなと。

開発者は、あらゆるプロパティについて、各種ブラウザのサポート状況を把握し、Vendor Prefixを付けないとならないのだろうか。このプロパティはWebkitではすでにVendor Prefixなしで使えるが、IEではまだなので-ms-だけを付けよう……などということを行わなければならないのだろうか。

まぁ、新しめのプロパティを使いたかったら、ひとまずCan I useでチェックし、大体のサポート状況は把握しておくべきであるとは思うが、Vendor Prefixを付けるというのは単純に言ってとても手間のかかることである。それに、Vendor Prefixを付けると言ったって、いつまで付けておけばよいのか。必要とされる知識は無駄に深い。

そこで便利なのがAutoprefixer。このAutoprefixerを使うと、各プロパティのブラウザごとのサポート状況をCan I useのデータと照らし合わせ、対象とする環境に応じたVendor Prefixを自動で付与してくれるというすごいヤツなのだ。

Sassやminifyと同様、これもオンライン上のフォームで動作を確認できる。以下のサイトでどのようになるのかを確認してみていただければと思う。

Autoprefixer CSS online
https://autoprefixer.github.io/

左側に入力したコードへ、Autoprefixerをかけた結果が右側に出る。

この変換結果を見てみよう。まずは変換前。

```css
.example {
  display: grid;
  transition: all .5s;
  user-select: none;
  background: linear-gradient(to bottom, white, black);
}
```

これにAutoprefixerを適用すると以下のようなコードになる。

```css
.example {
  display: -ms-grid;
  display: grid;
  -webkit-transition: all .5s;
       -o-transition: all .5s;
          transition: all .5s;
  -webkit-user-select: none;
```

```
    -moz-user-select: none;
     -ms-user-select: none;
          user-select: none;
  background: -webkit-gradient(linear, left top, left bottom, from(white), to(black));
  background: -o-linear-gradient(top, white, black);
  background: linear-gradient(to bottom, white, black);
}
```

　プロパティごとに必要なVendor Prefixの違いを考慮し、コードを出力してくれているのがわかると思う。ここまでで紹介したCSS Grid Layoutとtransitionのコードも混ざっている。

　ここで注目したいのが、最後のlinear-gradientの記述だ。コードでグラデーションを作れるCSS Image Module Level3の仕様は、仕様策定の段階で大きくその記述方法が変化した。そんな旧仕様の記述をAutoprefixerが補完してくれるわけだが、この変換前後のコードを見比べてみれば、これを自分で書くことがどれだけ手間のかかることか想像できるだろう。

　こういった処理は、昔はSassのmixinを駆使してなんとかしていたりしていたのだが、CSS設計的に言うと、Vendor Prefixのためにコードを複雑にしてしまうのは、あまり望ましい形とは言えない。

　この問題に対象する方法は、今ではほとんどAutoprefixerの一択であり、本稿を書いている2021年11月時点では、Autoprefixerの導入がブラウザのサポート状況の差異を埋めるベストな対応方法であることに、ほとんど間違いはないだろう。ブラウザ間の差異吸収はAutoprefixerに任せてしまうことで、管理すべきCSSのコードをクリーンな状態に保つことができる。

Autoprefixerも使うべき？

　こんなAutoprefixer、どう使うかと言われれば、やはりSassやminifyと同様、ビルドに組み込む形となる。開発の現場では広く知られ、使われている存在であり、SassやPostCSS、minifyなどのビルドを組むのであれば、とりあえず入れておいて損はないと筆者は考える。

　昔は、WindowsのデフォルトブラウザであるInternet Explorerが自動でアップデートされなかったため、新しいブラウザが登場したとしても、かなり昔のブラウザを使っているユーザーも多く残り続けていた。しかし、Edgeの登場によりその状況は変化した。EdgeはWindows updateにより、自動で最新のバージョンへと更新されるのである。他のメジャーなブラウザであるChromeやFirefoxなんかも、基本的には自動でアップデートされるものなので、旧世代のブラウザを意識し続けなければならない状況はかなり改善していると言える。

そんな現在では、Webサイトの構築時、新しいブラウザだけをターゲットにすると決めた場合、そこまでAutoprefixerが必須というわけではないかもしれない。しかし、とりあえず入れておくだけでも思わぬレイアウト崩れをカバーしてくれたりする存在なので、導入してみて損はないのではないだろうか。

　今回はAutoprefixerを紹介した。Autoprefixerを使わずとも、今回紹介した知識はCSSを書いていく上で重要なので、知っておいてほしい。

　このAutoprefixer、PostCSSのプラグインとして作られているので、PostCSS導入の延長として組み込むことができる。PostCSSは大して使っていないが、AutoprefixerのためだけにパスCSSを導入しているというケースは多いんじゃないだろうか。

　ということで、次回はPostCSSについて。

ビルドしてCSSを作る：PostCSS

ビルドシリーズの最後としてPostCSSを紹介する。
PostCSSを使うか否かは、人の好みやプロジェクトの指針によると思うが、何かしら使いたい機能が
PostCSSを土台にして作られていたりすることも多いので、ひとまずPostCSSとはどういう物なのかを
知っておくことは必要であろうと筆者は考える。前回紹介したAutoprefixerを動かすためにもPostCSS
は必要だったりする。

PostCSSとは

　PostCSSは、CSSに対して何かしらの変換処理を行い、別のCSSを出力するAPIを提供するソフト
ウェアである。これまで紹介してきたものと同様、npmのパッケージとして配布されている。

PostCSS
https://postcss.org/

　Sassについて紹介した際、SassはCSSのプリプロセッサと呼ばれることがあると書いたが、
PostCSSはその逆、CSSのポストプロセッサと呼ばれる。「CSSを変換して別のCSSを出力……？　何
を言っているんだ？」と思われるかもしれないが、一つ前に紹介したAutoprefixerはまさにこれを行
っていた。

　Autoprefixerの機能というのは、サポートしたいブラウザに合わせCSSの記述を追加してくれるも
のだった。この流れを細かく分解すると、まずはCSSを読み込み、その次にVendor Prefixの付いた
プロパティと値を既存のCSSルールへ追加するという処理を行い、最後に別のCSSとしてファイルへ
書き出すという流れになる。Autoprefixerは、この処理の基盤としてPostCSSを使っている。

　このPostCSS自体は、CSSの変換を行うためのAPIを提供しているに過ぎない。CSSらしきルール
で書かれた文字列を読み取り、それを扱いやすいデータに置き換え、そのデータを柔軟にいじれる仕
組みを備えている。つまり、PostCSSだけでは何もできない。
　言ってみればPostCSSはPlayStationやNintendo Switchのようなゲーム機で、ソフトがないと遊
べないのである。

プラグイン

　ではそのソフトとは何か？ PostCSSではこれを**プラグイン**と呼ぶ。何かしら具体的な変換を行いたい場合は、PostCSSのプラグインを書くことになる。

　AutoprefixerはPostCSSのプラグインという形で実装されている。Autoprefixer的には、CSSの内容を解析したりする手間のかかる処理は自分ではやらない。PostCSSにやってもらう形になる。PostCSSの用意したAPIを使い、得られたCSSのプロパティや値の内容をブラウザのサポート状況のデータと突き合わせ、必要に応じてプロパティを追加するという処理が、Autoprefixerのコードには書かれている。

　そんなこんなで、Autoprefixerを使うには、まずPostCSSをビルドに組み込み、そのプラグインとしてAutoprefixerを設定するという流れになる。

プラグインの書き方

　このプラグイン、書くこと自体はそんなに難しいことではない。基本的なJavaScriptを書ければ誰でも作れる。細かい部分は割愛するが、超単純なプラグインの書き方をちょっと紹介しよう。PostCSSがどんな感じで動いているのかを理解していただければと思う。
　まずこんなCSSがあったとする。

```
body {
  color: my-favorite-color;
}
```

　my-favorite-colorなんていう色はないだろうということにすぐ気づくだろう。
　ここで、以下のようなPostCSSプラグインを書き、これをPostCSSへ渡してみる。

```
const favoriteColorPlugin = () => {
  return {
    postcssPlugin: "favoriteColorPlugin",
    Declaration(decl) {
      if (decl.value === "my-favorite-color") {
        decl.value = "orange";
      }
    }
  };
};
favoriteColorPlugin.postcss = true;
```

このプラグインの中では、もし値が`my-favorite-color`だったら、`orange`にするという処理を書いている。

PostCSSを実行し、先程のCSSを変換すると、以下のようなCSSが得られる。

```
body {
  color: orange;
}
```

`my-favorite-color`と書いてあった部分が、`orange`に置き換わっているという具合である。

この例では値を単純に置き換えているだけだが、プロパティ名を参照して何か処理をさせたりすることも可能である。ここでゴニョゴニョブラウザのサポート状況と突き合わせてルールを追加しているのがAutoprefixerなわけだ。

この例で挙げたように自分で好きな処理を書いてもいいし、Autoprefixerのようなプラグインを利用しても良し。こんな風に使うのがPostCSSである。

なお、PostCSSのインストール方法やプラグインの設定方法について、本書ではその解説を割愛する。PostCSSは、これまでに紹介してきたソフトウェアのようにnpmパッケージとして提供されているので、ここまでで解説してきたビルドと同じように組み込み可能である。具体的な方法については公式サイトを参照されたい。

こんな風に使われている

そんな風にPostCSSはプラグインを読み込んで使うわけだが、実際のところ、自分でプラグインを書くことは少ないかと思う。よくできたPostCSSのプラグインが数多くnpmに登録されているため、好きな物を選んでプロジェクトに組み込むという形で使うケースがほとんどであろう。

前述したとおり、Autoprefixerもこのプラグインの一つであるが、他にも著名なものをいくつか例として紹介する。

cssnano

cssnano
https://cssnano.co/

cssnanoは、CSSをminifyしてくれるプラグインである。本書ではすでにminifyとしてclean-css-cliというものを紹介したが、似たようなものである。重複する宣言を省いてくれたり、ショートハン

ドにできるところは勝手にショートハンドにしたりもしてくれるらしい。

　そういったことをやりたかったら、重複プロパティをチェックする処理なんかを書かないといけないわけだが、そのためにPostCSSを使っているというわけだ。

　正直言うと、筆者は適度にmInIfyしてくれればそれで十分なので、clean-css-cliとcssnanoの違いについてよく知らない。まぁ、読者のみなさんも、PostCSSのプラグインでもminifyができるということを知っておいてもらえれば十分と思う。PostCSSを使うのであれば、このcssnanoのようなPostCSSのプラグインでminifyすると、ビルドやパッケージの管理が若干楽なのではないかと思う。

stylelint

stylelint
https://stylelint.io/

stylelintは、CSSの文法をチェックしてくれるプラグインだ。
例えば以下のようなコードがあったとする。

```
div {
  color: #aabbccd;
  disply: block;
}
```

　このコードは、よく見るとcolorの値が16進数になっておらず、displayと書いているつもりでdisplyとタイポしている。stylelintを使うと、このようなコードを発見したらエラーを出してくれる。

　そのほか、CSSの記述方式のルールを定め、そのルールに沿っていない記述を見つけたらエラーを出すということができる。例えば、値を.3emのように略してはいけないだとか、もしくは逆に0.3emのように非省略の形にしてはいけないだとか、単位にptを使ってはいけないなどなど。
　このようなルールを、簡単なコンフィグを書くことでチェックできるのがstylelintというプラグイン。一人でCSSを書いている分には大して恩恵はないが、一つのプロジェクトのCSSを複数人で書く場合、このような仕組みをビルドに組み込んでおくことで、コードのフォーマットを整えることができる。

　自分は0.3emと書くポリシーなのに、チームメンバーが.3emと書いていたら、後で置換するときに漏れが発生するかもしれない。そんなコードのブレを減らすには、このstylelintでルールを設定してから実装をするのが効率的である。

Sass的機能

PostCSS plugin: Sass
https://www.postcss.parts/tag/sass
PostCSSプラグインのうち、「Sass」のタグが付けられているものの一覧

第19回でSassについて紹介したが、PostCSSを使ってもほぼほぼ同じようなことができる。Sassを使えば変数、セレクタの入れ子、mixinなど、色々な文法を使えるようになるわけだが、このような文法を有効にするPostCSSプラグインが多数存在している。以下はその一部である。

PostCSS Mixins
https://github.com/postcss/postcss-mixins
mixinを利用可能にするプラグイン

PostCSS Nested
https://github.com/postcss/postcss-nested
セレクタの入れ子を利用可能にするプラグイン

PostCSS Simple Variables
https://github.com/postcss/postcss-simple-vars
変数を利用可能にするプラグイン

これらプラグインを使えば、Sassとほぼ同じことができる。Sassを導入したら当然、Sassがサポートする全機能が使えるわけだが、PostCSSの場合、ほしい機能だけを選んで入れることができる。

PostCSSであれば、他に自分の好きなプラグインを組み合わせることができたり、複雑な処理はJavaScriptで書いたりすることもできるので、拡張性という点でいうと、PostCSSに軍配が上がると言えるかもしれない。

PostCSSを使うべき？

そんなPostCSSであるが、プロジェクトに組み込むべきだろうか。

CSSを書く補助／CSSの最適化用途

筆者としてはまず、以下のような、普通のCSSを書くための補助、及び書いたCSSの最適化を行う用途であれば、積極的に導入すべきであろうと考える。

- stylelintによる記述ルールの統一
- AutoprefixerによるVendor Prefix補完
- cssnanoによるminify

これらの用途においては、変換対象となるCSSは、純粋な、CSSの仕様に則って書かれたCSSファイルであるという想定だ。PostCSSはCSSのポストプロセッサとしての役割を期待されていることになる。ビルドを組む手間はあるものの、これらの導入は、開発効率を上げる結果を期待できると言えるだろう。ほぼメリットしかない。

Sassの代わりとしてのPostCSS

では、それ以上のことをPostCSSに求めるべきか？

例えば今回紹介したSass的な機能を使うかというのは、ちょっと悩ましい。Sassっぽいことをしたいのであれば、純粋にSassを使うほうがよいのではないかという視点もある。

「どうせ同じことをするならPostCSSでもSassでも大して変わらないのでは？」と思うかもしれないが、「PostCSSでSassっぽいプラグインを使っている」というのと「Sassを使っている」というのであれば、後者のほうがチームでの意思疎通は取りやすいと筆者は感じる。

「PostCSSでCSSを書いている」と言われると、その詳細は一つ一つのプラグインを確認しなければならないので、開発者的にはある程度身構えるかもしれない。Sassっぽいプラグインを使っていると言ったって、使っているプラグインを一通り確認し、Sassのどの文法が使えるのか確認しなければならなかったりもする。拡張性という点で言えばPostCSSの方が勝るが、開発のハードルの低さという意味ではSassに軍配が上がると筆者は考える。

じゃあSassを選んだらPostCSSは使わないのか？と言われるとそういうことではない。Sassで変換したCSSに対してPostCSSを使うこともできる。例えば、Sassで変換後のCSSにAutoprefixierをかけ、最後にcssnanoでminifyするという具合だ。このあたりは柔軟に、開発や運用の体制を考慮して決定することをオススメする。

その他

● 純粋なCSSを書く補助となるもの
● Sass的な機能を提供するもの

これ以外を「その他」と分類することにする。

「その他」に該当するプラグインは、CSSの仕様にない、独自のプロパティや値、文法を有効にするものだ。PostCSSのプラグインには本当に色々なものがある。例えば、先程例に挙げたように、my-favorite-colorをorangeに変換するようなことが可能だったりするので、好きにプロパティや値をいじれるのだ。アスキーアートでレイアウトを書くと、それに応じたCSSを出力してくれるものまであったりする。まぁこれは半ばジョークのようなプラグインだと思うが。

そのような「その他」に分類されるプラグインの中には、開発を補助してくれる文法を色々と用意してくれるものもある。例えば以下のrucksackというプラグインを使うと、

rucksack
https://www.rucksackcss.org/

このように書いたCSSは、

```
.element {
  position: absolute 0;
}
```

以下のように変換される。

```
.element {
  position: absolute;
  top: 0;
  right: 0;
  bottom: 0;
  left: 0;
}
```

なるほどこれは便利そうだ。こういうCSSを書くことはよくある。rucksackは、こんな便利そうな文法の詰め合わせになっている。

このようなプラグインは、確かに開発効率を上げてくれそうである。しかし、この部類のプラグインは、筆者としてはあまりプロジェクトに組み込むことをオススメしない。

それは、そのような独自文法を追加するプラグインは全然使えないのでダメという意味ではない。効率的にコードが書けるようになるのは事実であろう。しかし、そのようなプラグインを組み込んでしまうと、プロジェクトのCSSがどんどん独自のフォーマットになっていってしまう。長期的なコードの保守を考えると、これはあまり望ましい状態とは言えない。

　自分がプロジェクトに入ったとき、CSSファイルの中身が知らない文法だらけだったらどうだろう。こういったプラグインが独自に定義したプロパティや値というのは、当然、そのプラグインのことを知らないとわからないわけだ。そのプラグインのドキュメントを読むなりする必要が出てくる。効率的に書けるとはいえ、結果的に運用のコストは上がってしまうかもしれない。

　重要なのは、メリットとデメリットを天秤にかけて考えることだろうと筆者は考える。そのプラグインを導入することで得られることはいかほどのものかを判断の材料とするのがよいかもしれない。

　ちなみに、筆者としては、Sassっぽいことをしてくれるプラグインも、言ってみれば純粋なCSSではなく、Sassの独自文法なのであるが、Sassがサポートしている文法はあまりに有名なので、チーム内での意思疎通に問題なし。大きなデメリットは懸念されないという判断をすると思う。

　以上、4回に渡り、ビルド、Sass、Autoprefixer、PostCSSについて解説してきた。こういったビルドによる効率化は、現代の開発においては必須と言ってよいと筆者は考える。しかしながら、「現代の開発」と言ったって、プロジェクトへの関わり方は人それぞれだ。

　デザイナーが何かしらのオーサリングソフトを使ってWebサイトを更新していたり、技術に詳しくないWeb担当者がWebサイトの更新をしているみたいなケースもある。そういった運用体制があるところに、無理にこのようなビルドを取り込んでしまうと、今度は逆に必要とされるリテラシーが増えてしまい、運用コストが上がってしまう場合もあるかもしれない。そういう場合は、ビルドを開発に組み込むべきかを事前に検討する必要があるだろう。

　逆に、しっかりとした開発体制があり、フロントエンド専用のメンバーを確保できるような場合、ここでは是非このようなビルドを組み込むべき状況だと言える。HTMLとCSSを突っ込んで書いていきたい方には是非持ってほしいスキルである。

　筆者としては、今後もCSSを自身のスキルの一つとしていきたい技術者に対しては、「ビルドは組めるようになっとけ」と言っておきたい。

もっとコンポーネント：
汎用的な Block、限定的な Block

ここからはまた設計の話に戻ろう。
今回解説したいのは、Blockの名前付けが難しいという問題についてである。
BEMがわかり、ベースやらレイアウトやらSassやらがわかっても、それとは関係ナシに悩み続けるのが、
この問題だろうと筆者は考える。

どういう名前がいい？

早速だが、こういう Block
があったとしよう。

📄 **お問い合わせ**

当社の商品について、上記「よくあるご質問」のご説明ページにてご不明点が解消されない場合、こちらからお問い合わせください。

▶ メールによるお問い合わせ　　▶ 電話によるお問い合わせ

あなたはこれからHTMLとCSSを書く。FAQページのデザインカンプが渡されてきて、そこにこういうUIがあった。よし、これをBlockにしようと考え、いざコードを書こうとするのだが、ここで手が止まる。

```
<div class="
```

ここまで書きかけて、「えーとこのBlockの名前は何にしようかな？」と悩むのだ。例えばこういう名前が考えられるかもしれない。

- box-text-set
- contact-block
- faq-contact-block

ここで、この3通りの名前をそれぞれ選んだ開発者がいたと仮定する。
この3人の開発者の意見を聞いてみよう。

開発者 A：box-text-set

このUIは枠線で囲まれている。そして中にはテキストなどが入る。なのでbox-text-setとすることにした。

デザインカンプだけでは判断できないが、このBlockにはここで列挙されているもの以外のElementも入ってきそうである。デザインカンプではお問い合わせのナビが入っているが、このような使い方はbox-text-setの役割の一部でしかないのではないだろうか。例えば画像やリストが入ったりすることも考慮する。

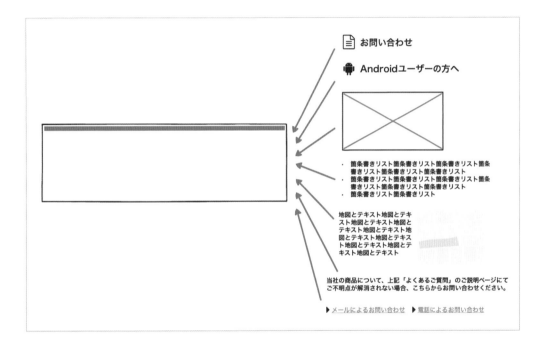

他にもいくつか、追加でこの中に入れるUIが登場するかもしれない。その度にElementを用意し、必要なものを組み合わせて使う。これをいろんな画面で流用する想定で作る。

こんな風に便利で汎用的なBlockを作り、Webサイト全体を構築することこそCSS設計の醍醐味であろう。CSSの容量も最小限になりまさに理想ではないか。

第22回

開発者 B：contact-block

このUIは、お問い合わせのために使うBlockのようである。なので名前はcontact-blockとした。

デザインカンプを見ると、これはFAQのページで最下部に置かれている。

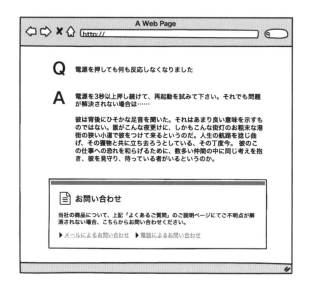

　このデザインカンプはFAQのページだが、他のページでも使うかもしれない。しかしその場合もこの見栄えで統一されるべきであろう。

　お問い合わせ以外の用途で使うかもしれないだって？
　Aのようにどんな用途にでも使えるように考えたほうがよいのか、それはわからない。とりあえずお問い合わせに使っているのだからcontact-blockというのは間違いないだろう。

　だってデザインカンプはまだFAQの画面しかないのだ。box-text-setなんて名前にしたら、このBlockがどういう用途で、どこで使われるのか全くヒントがないんじゃない？

開発者C：faq-contact-block

　お問い合わせのために使うBlock。それは同意だ。でも他の画面でも使うかもっていうのはちょっと待ってほしい。だってまだデザインカンプはまだFAQの画面のものしかもらっていないでしょう？そもそも他の画面で使うなんて今はまだわからない。それに自分はFAQページのコーディングだけを頼まれたのだ。これは、FAQの画面で使うお問い合わせのBlockだからfaq-contact-block。それ以上のものではない。

　他の画面でも同じUIが登場したらどうするかって？　そうしたらproducts-contact-blockだとか、top-contact-blockだとかいう名前にして、別のBlockにすればいいんじゃないですかね。

　そもそも、それらの画面で登場するお問い合わせのBlockの見た目が、このFAQで作っているBlockの見た目と同じかどうかすらまだわからない。だからここはfaq-contact-blockだよ。それ以上の情報はないんだし。

汎用的か限定的か

さて、このケースにおいては、以下3つのどれを選ぶべきなのであろうか。

- A：`box-text-set`
- B：`contact-block`
- C：`faq-contact-block`

この3つの名前の付け方、正解はAです！などと結論づけられるわけではない。

この3者で違っているのは、このBlockが**汎用的**に使われることを想定したものなのか、**限定的**に使われることを想定したものなのかという点である。

この3つにおいては、Aが1番汎用的、Cは1番限定的、Bはその中間という風に考えられる。というか、筆者はそういう想定でこの3パターンを考えた。

なるほど？　まぁ、そうは言われても、だったらどういう基準で選べばいいのか？と思われるのではないかと思う。そこで、これらの名前にすることで得られるメリットとデメリットについて考えてみよう。

汎用的な名前にしたときのメリット

汎用的な名前にし、Webサイト全体でそのBlockを使ったときに得られるメリットは何か。この場合だと開発者Aの`box-text-set`を採用した場合である。まぁすでに開発者Aの意見の中である程度書いてあるが。

変更を多数の画面に反映しやすい

まず一つ挙げられるのは、CSSを変えるだけで、そのUIがある画面すべてについて、同じ変更を適用することができることである。……と言うより、CSSって普通そういう風に書きません？と読者のみなさんは思われるかもしれない。

`box-text-set`の背景色を変えたら、100画面あろうが、1000画面あろうが関係ない。すべての画面でHTMLを一切変えることなくレイアウトの変更が反映される。

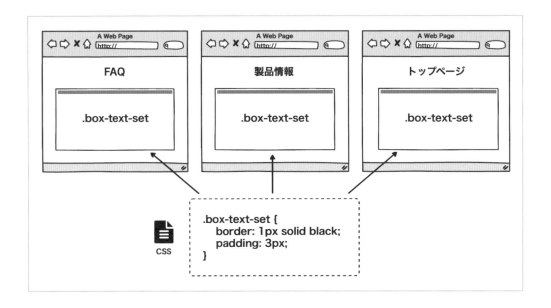

faq-contact-blockという名前にし、FAQの画面でだけ使う想定だったらどうだろうか。先程の例で言うと、製品情報では同じようなBlockの名前をproducts-contact-block、トップページではtop-contact-blockなどとするわけだ。

　これだと、わずかなレイアウト調整を加えたかったとしても、何箇所も同じような変更をしなければならなくなってしまう。一つのBlockを多数の画面で流用すれば、あとからBlockの見栄えを調整したいときも楽である。ちょうどよくそんな依頼が来たら、CSS最高！と思える瞬間かもしれない。

CSSの容量を最小限にできる

　CSSの容量のことを考えれば当然、FAQ、製品情報、トップで別のBlockにするより、box-text-setで統一しておいたほうがコード量は少なくて済む。3つのBlockのCSSより、1つのBlockのCSSの方が少なくなるだろう。

　わずかなレイアウトの差であれば、BEM的な設計を採用するとすれば、Modifierで変化をつければよい。全く違う見た目なのであればそれは別のモジュールにするだろうが、少し枠線の色が変わったり、中に入る文字の大きさが違うぐらいのバリエーションであれば、一つのBlockをModifierで変化させた方が、CSSは最もコンパクトになるはず。

　そもそも、似たようなBlockをいくつも別の名前で作ると、どうしても同じようなCSSをコピペして作る部分が多くなってしまうだろう。このような状態は、なんとも気持ちが悪いようにすら感じるというのは、筆者もよくわかる。ワンソースマルチユースとでも言うだろうか。box-text-setはそういう考え方である。

汎用的な名前にしたときのデメリット

このような紹介の仕方をすれば、汎用的に設計したほうが効率性がよいとしか感じられないのではなかろうかと思う。しかしこれには落とし穴があって、デメリットと言える部分もある。

変更の影響が大きくなる

まずは、CSSを変更したときにその影響範囲が非常に大きくなってしまうという点である。それはメリットだったのではないか？ と言われればそうとも言える。しかしこれがデメリットとして働くこともある。

想像してみてほしいのだが、そんな1000ページもあるWebサイトで、その box-text-set という Block を変更したときに、どの画面に影響があるのか知ることができるだろうか。それは当然、すべての HTML を box-text-set で検索したらわかるだろうが、そのすべての画面でレイアウトが崩れたり、望まない結果になる可能性が出てくるわけだ。

ここで、FAQの画面では faq-contact-block、製品情報の画面では products-contact-block、トップページでは top-contact-block と、別の Block にしていたらどうだったろうか。

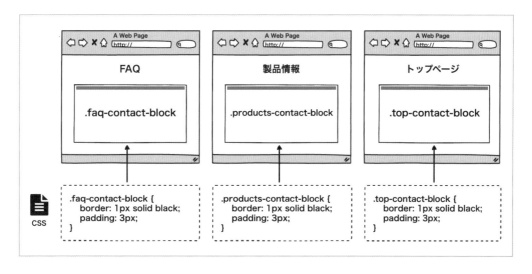

そのように設計しておくと、それぞれの Block の変更は、それぞれの名前が示す画面で影響があると考えておけば十分である。つまり、「FAQの画面にあるお問い合わせブロックの見栄えを変えたい」と思ったときは、box-text-set よりも faq-contact-block の方が触りやすいと言える。

box-text-setだった場合、そのCSSをいじったときにどこかで何かが崩れるという不安を拭うのは難しい。仕事的な話をすれば、例えば、FAQだけは別の部署で管理しているみたいなことは別に珍しい話ではなかったりする。そういう場合、FAQをいじったときの影響はFAQ内だけに留めておく方が、保守性という意味でベターなことがある。

　一箇所を変えれば一気に変更をかけることができるのを、先程はメリットだと書いたが、これはメリット・デメリットの両側面を持つ性質だと言える。

CSSのコードを消せなくなる

　もうひとつ、なかなかCSSを触りづらいデメリットの延長として言えるのは、こうやって汎用的に作ったBlockは、ほとんどCSSのコードから消すのが不可能だということが挙げられる。

　faq-contact-blockであれば、FAQページのリニューアルの際に消してしまって問題ないはずだ。しかし、box-text-setだったならそうはいかない。先程の開発者Aの話によれば、Webサイト全体で使う想定なのであった。ということは、このBlockは、すべての画面で使われていないことを確認した上で、今後も使わないと決めた場合にのみ消すことができるCSSのコードなのである。
　さらに、先程のメリットで紹介したように、レイアウトの変化を付けたかったのであれば、Modifierをたくさん定義しているかもしれない。画面を作りながらどんどんModifierを足していき、いずれは超巨大で多機能なBlockになっているかもしれない。

　そんな汎用性の高いBlockは、一度作ってしまったら、もう二度とそのコードをCSSから消すことができなくなってしまうだろう。と言うより、消すためには労力がかかるので放置するしかない。リニューアルみたいなタイミングがあったとしても、そのコードは怖くて消せないので、CSSの中に堆積されるゴミのようなコードになってしまう可能性がある。
　プログラミングでは、そういう、あまりにも多くの機能を詰め込んでしまったクラスのことを「神クラス」と呼んでアンチパターンと考えたりすることがあるが、それと同様。機能を詰め込みすぎた「神Block」である。

　「Blockを消すことなんてそんなにないよ」と思うかもしれないが、汎用的に使われると思って作ったBlockが、実はFAQの中でしか使わなかったみたいなこともあるわけで、そういう場合には汎用的な名前にしてしまったことを後悔するかもしれない。

ではどうする？

ほうほう、ではどうしたらいいというのか。

このメリット・デメリットの話を考える前にまず知っておいてほしいのは、この開発者ABCは全員、UI設計の視点というのが完全に欠けているということだ。どうしたらいいのかという問いの答えとしてまず伝えたいアドバイスとしては、「デザイナーと相談しろ」である。

このUIがWebサイト全体で使われるかだって？ そんなのは、このUIがそういう風に意図してデザインされたか否かによるに決まっている。なのでまず、これがどういう意味を持つのかは、デザイナーやコンテンツの設計を行っているメンバーが別にいる場合は、相談することが先決だ。実装側だけで勝手に決める部分ではない。自分でWebサイトをデザインしているのであれば、どう扱うつもりなのかを考えるべきである。

お問い合わせへの誘導ブロックについて、FAQだけで使うことを考慮してデザインされたものであればfaq-contact-blockの方がいいだろうし、サイト全体で統一する意図があるならcontact-block、他の用途でもこのBlockの見栄えを使うようミニマムにUIを設計しているならbox-text-setだろう。要するに、**名前付けもデザインの一部**なのである。

かと言って、デザイナーに対して「このBlockのクラス名考えて」などと丸投げしないようにされたい。このあたりの話は、第16回「プロジェクトの中で立ち回る」で突っ込んで書いたので、そちらも併せてご一読いただきたい。

Enduring CSS

そうか、名前付けは実装だけではなくて、全体的な設計の話なんだね。そういう理解は概ね正しいと筆者は考えている。そして、そういうことを考えてくれるデザイナーと組めた場合はラッキーである。よいものができそうだ。

ただ、そのような明確な設計指針が固まっていないケースもたくさんある。それに、このお問い合わせブロックはどこまで使うのかは、HTMLとCSSを書き出す段階では決められないかもしれないし、後から変わるかもしれない。この部分、大変に判断が難しい部分だが、UIとしてどう考えるかという問題と、実装としてどう考える問題を切り分け、総合的な判断により名前を決定する必要がある。さぁ、無限に考えているわけにもいかない、いざコードを書こう。そんなときにどう考えたらよいのか。

今回挙げた例であれば、どちらかと言えば、筆者としては`faq-contact-block`という、限定的な名前付けの方を好んで採用する。明確にWebサイト全体で使うという意図の元に設計、デザインが成されていたのであれば`box-text-set`とするかもしれない。そういうわけではない場合、それは例えば、この先のことを見通すのが難しく、現段階で完成しているのがFAQ画面とあと数ページのデザインカンプというような場合、`faq-contact-block`という名前にしておいた方が、後々問題が起こらないことのほうが多いと筆者は考えている。

筆者は、昔は完全に、先程の例に登場した開発者Aの考え方を持っていた。あらゆるUIはなるべく汎用的に作るようにし、Webサイト全体でのCSS容量を最低限にするのが、CSS設計の目指すべき考え方であり、どのようなプロジェクトもそのように整えることが重要である。むしろ自分はそのような役割なのであると。

しかし、Enduring CSSという書籍を読み、まるっきり考え方が逆になった。この書籍は、Ben Frain氏が、CSS設計が破綻しないように運用していくにはどうすればよいのかについて書いたものである。

Enduring CSS
https://ecss.benfrain.com/

enduringを辞書で引くと、「長期間続く」「永続的な」「辛抱強い」という訳が並んでいる。

この本では、ここまでに書いた、Block（ECSSではModuleと呼んでいる）を汎用的に設計することにより起こるデメリットを回避することが重要だと説き、なるべく限定的にBlockを設計するよう勧めている。汎用的なBlockをたくさん作ってしまうと、どんどんCSSを触るのが難しくなってしまい、いずれ破綻するというような内容が書かれている。これは、前述した「汎用性な名前にしたときのデメリット」で解説した内容である。

CSSを書いていると、どうしても開発者Aのような思考に偏っていかないだろうか。その気持ちを筆者は非常によく理解できる。そんな人にこそ、このEnduring CSSという本をチェックしてほしい。英語だが、Webサイトでも全文を読むことが可能だ。ここからは、Enduring CSSに書かれている内容を少し紹介しよう。

以降、Enduring CSSはECSSと略す。

名前空間的接頭辞

ECSSでは、Blockの頭に、名前空間を示す文字列を付与することをルールとしている。さっきから例に出しているfaq-contact-blockのfaq-がまさにそれである。本書では、第12回で「名前空間的接頭辞」とこれを呼んだが、これを絶対に付けるようにし、この接頭辞により、そのBlockの分類を示すようにせよということだ。

例えばこの接頭辞を、Webサイトの構造上の分類を示すものにしたとする。そして、faq-であれば、FAQカテゴリの中でしか使わないというようなルールにする。こうすることで、Blockのクラス名を見ただけで、そのBlockがどこまでの限定さを持ったものなのかを判断できる。

製品情報であればproducts-、トップページであればtop-。こういう風に書かれたHTMLとCSSを見ると、「あぁ、今トップページを編集しているが、このtop-contact-blockをいじっても他の画面でレイアウトが崩れることはないな」と安心できるわけだ。

本書ですでに紹介した、名前空間的接頭辞の使い方の一例として考えてもらえればよい。

コードが重複してもよいのか

しかしながら、このように限定的に使用する用途で設計されたBlockには、先程から挙げているようにデメリットもある。この問題について、ECSSではどう考えるのかを紹介しておく。まずコードの重複について。

FAQ用お問い合わせのブロックをfaq-contact-block、製品情報用にはproducts-contact-block、トップ用にはtop-contact-blockとしたとして、それが同じ見栄えだったらどうする？ 同じCSSをコピペしたらいいのか？ そんなことをしたら、同じCSSのコードが何度も登場することになってしまう。

この問題に対するECSSの答えはなんと「コピペしとけ」である。Sassを使っているのであれば、mixinなんかで共通のスタイルをまとめ、抽象化することは可能である。しかし、ECSSではそれも推奨しない。同じ見栄えでも、名前空間が別ならば別物として扱えというのだ。つまり、FAQ用に作ったfaq-contact-blockと、製品情報用に作ったproducts-contact-blockが、全く同じ見栄えをしていて、そのCSSもほぼ同じであっても、それはそれでよいと言うのだ。

CSS容量が増えてしまってもよいのか

そう言われると当然こう思うだろう。「それだとCSSの容量が膨大になってしまうのでは？」「まとめて変更したい場合に大変なのでは？」と。

CSS容量については、ECSS的にはまず、名前空間ごとにCSSファイルを分けることを推奨している。全部のCSSをまとめた巨大CSSファイルひとつで管理するのであれば問題だが、faq-名前空間の

Block群のCSSを faq.css などにまとめておき、FAQの画面でしか読み込まないようにすれば、CSS ファイルの容量が問題になるようなことはほぼないだろう。

　そして、サーバーの設定として、クライアントに対して、HTMLやCSSのファイルを、gzipして圧縮した状態で渡すようにすることを推奨している。gzipすれば、内容にもよるが、ファイル容量を20% 〜50%ぐらいまで小さくすることが可能である。

　そのようにCSSファイルを管理し、圧縮して配信するのであれば、CSSの重複が問題になることはないであろうということも書いてある。

まとめて変更できなくなってもよいのか

　まとめて変更したい場合に大変というのは、これを手軽に回避するよい方法はないので、ECSS的には諦めるというスタンスをとる。

　製品情報にあるお問い合わせブロックと、FAQにあるお問い合わせブロックは、見た目は同一であるが全く別のものだと考えるのだ。別のものなので、見た目の変更には2箇所のCSSを書き換えなければならない。しかしそれでよい。なんと、そのように一気に変更できるのがCSSの利点の一つとも言えるのに、これを諦めてしまうのだ。

　なかなか大胆な考えだと感じられるかもしれないが、CSSを長生きさせること、保守できる状態に保つことを最優先にすると、そういう風にHTMLとCSSの段階で抽象化を行うのを避けるというのが、ECSSの考え方なのである。

　このように、ある程度のところで切り分けることができないのであれば、いずれCSSは手の付けられないバベルの塔となってしまうであろうとECSSは予言している。

Webサイト全体で使うBlock

　とは言え、ECSSではあらゆるBlockを限定的に使うのかと言われると、そういうわけでもない。それもアリであるとECSSは述べている。

　例えばECSSでは、Webサイト全体で使うBlockを明示するために、Site Wideの略である、sw-という名前空間的接頭辞を使用する例を挙げている。sw-という名前空間的接頭辞を付けることで、このBlockはWebサイト全体で使われることを想定したもの、編集時には留意せよということを他の開発者に伝えることができる。

　この接頭辞をどんなところで使うのかと言えば、例えばサイト共通のヘッダ、サイドバー、フッタなんかが挙げられそうだ。

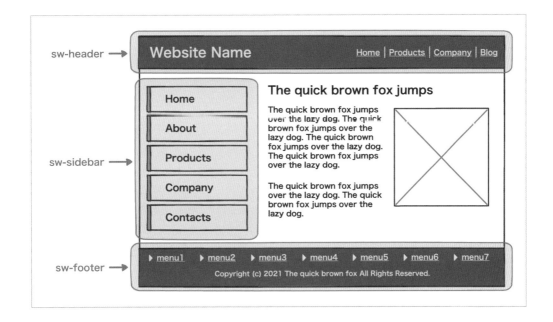

　こういったUIは、それは確かにWebサイト全体で共通だろうから、製品情報だとかFAQだとかの構造上の分類により分ける意味は全くないことが明らかである。

　ではさっきから例に挙げているお問い合わせ誘導ブロックは結局どうしたらいいのか？　ECSS的には、以下2パターンのどちらかとなるだろうか。

● `sw-contact-block` ：サイト全体で使うお問い合わせ誘導ブロック
● `faq-contact-block`：FAQで使うお問い合わせ誘導ブロック

　なんだかんだで結局、限定的にせよって言っておきながら、全体で使うようなBlockも作るんじゃないかと思われるかもしれないが、それはその通りである。

ECSSを設計に活かす

　さて、結局全体で使うようなBlockも作るんだったら、今回最初に例に挙げたUIは何という名前にしたらいいのか？ という問題に戻ってみよう。
　答えとしてはこう。「それは設計次第であり、一概にどうした方がよいと伝えることはできない」である。ここは普遍であることをCSSを設計する者としては理解してほしい。

しかし、ECSSから学べるのは、

- A：基本的にはBlockを汎用的なものとして作り、限定的なBlockは必要に応じて作る
- B：基本的にはBlockを限定的なものとして作り、汎用的なBlockは必要に応じて作る

という、2方向の視点があるという点だと筆者は考える。これが今回お伝えしたい、名前問題のヒントである。

　おそらく、画面数が少なく、開発者一人で完結するようなケースに置いては、Aのパターンのほうが楽だし都合がよいと思う。しかし、画面数が非常に多く、チームで開発するようなケースにおいては、Bの考え方で設計することがうまくいくことが多いと筆者は感じる。規模の大きいWebサイトで、あらゆるBlockを汎用的に作っていくと、Enduring CSSの懸念するような事態は容易に発生するのである。それは、例えBEMのような設計手法を徹底して書いていたとしても。そして、一度この状態になってしまうと、後戻りすることはできない。
　box-text-setだけですべてをカバーできるというのも甘い。box-text-set2、box-text-set3、box-text-set4と、似たような、ひと目ではそれをどう使い分けるのかわからない汎用的なBlockが多数作られることになるだろう。それが完全に悪いと決めつけることはできないが、「このBlockは汎用的に使うやつだ」と思っているのが実装者一人であるのかどうかには気を付けた方がよい。

　長々と書いてきたが、このように、CSSを設計するためには、デザインやコンテンツの設計にも目を向ける必要がある。そして、その上で実装としてどのようにまとめるかを判断する必要があるのだ。

　今回は、Blockの汎用性について書いた。

　名前付けの問題について、おそらくCSSを書いていて、悩まなくなるという日は来ないだろうと思う。ここには様々な登場人物と問題が関わっており、コードだけを眺めていても解決できないということを理解してもらえると、一歩先に進めるかもしれない。

もっとコンポーネント：Blockの入れ子

今回はBlockの入れ子について解説する。

Blockの入れ子とは何か

まず、Blockの入れ子とは何かということについて。

例えばこういうBlockがあったとする。

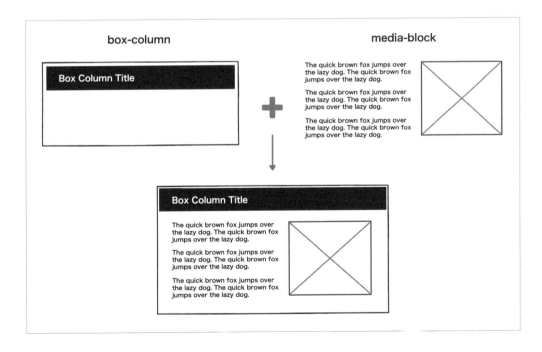

　囲みの部分はbox-column、　その中に入るのはmedia-block。　その2つのBlockがあり、box-columnの中にはmedia-blockが入る。

```
<section class="box-column">
  <h2 class="box-column__title">Box Column Title</h2>
  <div class="box-column__body">
    <div class="media-block">
      <div class="media-block__text">
        <p class="media-block__p">The quick brown fox...</p>
        <p class="media-block__p">The quick brown fox...</p>
        <p class="media-block__p">The quick brown fox...</p>
      </div>
      <div class="media-block__media"><img /></div>
    </div>
  </div>
</section>
```

　こんな風にBlockの中に別のBlockを入れることを、Blockの入れ子と呼ぶことにする。2つ以上のBlockを使い、一つのUIを表現すると言う具合である。

Blockを入れ子にすることのメリット・デメリット

　ちょっと待った。今挙げた例って、box-columnというBlockの中身は全部Elementなのでは？　例えばこういう風にするべきなのでは？と思うかもしれない。

```
<section class="box-column">
  <h2 class="box-column__title">box column title</h2>
  <div class="box-column__body">
    <div class="box-column__text">
      <p class="box-column__p">media block text...</p>
      <p class="box-column__p">media block text...</p>
      <p class="box-column__p">media block text...</p>
    </div>
    <div class="box-column__media"><img src="..." alt="..." /></div>
  </div>
</section>
```

　もちろんそうしてもよい。というより、どちらかと言えば、その方が素直な実装だと言えるんじゃないかと筆者は思う。だったらどっちがよいのか？と言われると、これは単純にどっちが良い悪いと言えるものでもなかったりする。
　このようにBlockを入れ子にすることで得られるメリットがあるので、デメリットと併せ、まずはそれをお伝えしよう。

メリット

　こんな風にBlockを入れ子にするメリットとしてまず挙げられるのは、一つのBlockのCSS量が増え、複雑になってしまうのを防げるということだろう。

　先程の例で、box-columnの中身をすべてElementで考えたらよいのでは？と書いた。この場合はそれでもよいが、この箱の中身のバリエーションが多い場合、それだと辛くなってくることがある。
　例えば以下のような画面があったと想像してみてほしい。

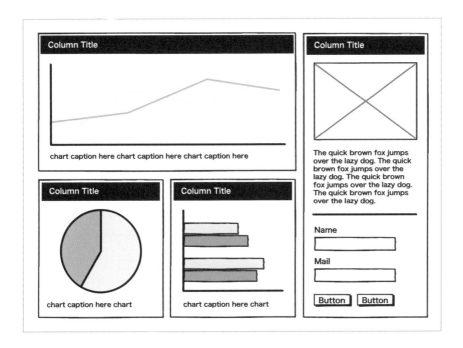

　WebサイトというよりWebアプリケーションで、各種フォームのパーツやグラフなど、箱の中には様々なUIが入るというケースである。

　こういった場合、これらすべての要素をbox-columnという1つのBlockに収めてしまうこともできなくはないが、そうなるとbox-columnというBlockは、たくさんのElementを持つ巨大なBlockとなってしまう。
　色々できて便利なBlockじゃないかと思われるかもしれないが、手放しで喜べるわけでもなかったりする。一つのBlockの中に沢山のElementが登場すると、Elementの名前が被らないように気を使わなければならなかったり、コードの見通しが悪くなったりなどの問題が発生してくる。Elementが多すぎるBlockは、複雑なコードになってしまうのである。
　そこで、中身だけを切り出し、それぞれを独立したBlockとして設計する。そして初めに挙げた例のように、枠部分を示すbox-columnへ、それらBlockを入れて使うようにする。

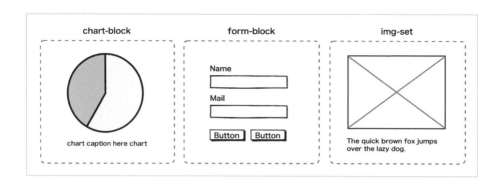

こうすることにより、box-columnというBlockは枠部分だけを。そして中に入るBlockは、それぞれがその内容を表現するだけのものとなり、シンプルで柔軟性のある設計にできるわけだ。

中に入るBlockの方は、このbox-columnの中以外でも、独立して使うこともできるわけで、これもメリットの一つとして挙げられるだろう。基本はメインエリアにそのまま置いて使うが、box-columnに突っ込んでもそのまま使えるという、なんとも便利な感じである。

デメリット

なるほど確かにそれは効率的で便利そうだ。しかし、この特徴がそのままデメリットにもなることもある。Blockを入れ子にすることで、コードの複雑さが高まってしまうこともあるのである。
別の例を見てみよう。

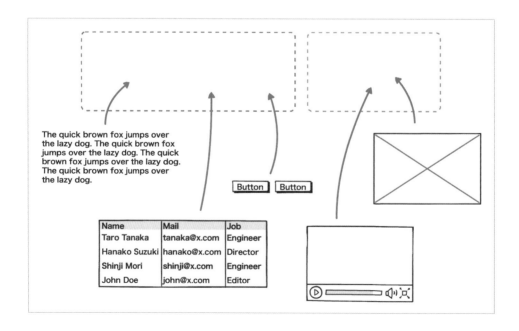

先程のmedia-blockにもっと拡張性をもたせたい。右側には画像の他、YouTubeも入れたいので、それぞれimg-block、youtube-blockという別のBlockとして設計、これを入れられるようにした。
　そして左側にはただの段落ではなく、ボタンや表などを入れられるようにする。このパターンをElementにすると無限に増えそうなので、paragraph、button-block、tableという別のBlockとして設計、これが入るようにした。

```
<div class="media-block">
  <div class="media-block__text">
    <div class="paragraph">...</div>
    <div class="button-block">...</div>
    <div class="table">...</div>
  </div>
  <div class="media-block__media">
    <div class="img-block">...</div>
    <div class="youtube-block"><.../div>
  </div>
</div>
```

　media-block自体は左右の幅を柔軟に調整できるようにしたり、このmedia-blockの中に入る要素の余白は狭めにして……などと手を加えて行くと、万能で全能感のあるBlockが完成したぞと満足するかもしれない。そしてこのmedia-blockを、さっき例に挙げたbox-columnに入れて使うわけだ。

　そんな万能のmedia-block、その万能さがまさにデメリットとして挙げたいポイントである。box-columnの中にmedia-blockがあり、その中には別のBlockがまた色々と入る……。一つのUIをそんなふうにパズルのようにBlockの入れ子で表現できると、うまく設計してやったぞという気分になってくるかもしれない。しかし、この文章を読んでいるだけでわかると思うが、この構造は客観的に見て非常に複雑である。

　別の開発者がそんなコードを見たとき、その構造を理解するのに時間を要することは想像に難くない。コンポーネントの一覧には、バラバラに分解されたようなBlockが多数。Elementが少なすぎて、このサイトってBEMで書いてるんだっけ？と目を疑ってしまうかもしれない。このようなBlockを作ってWebサイトを設計したとき、何かしらレイアウト上の問題が発生した場合、どこに原因があるのかを判断するのが難しくなる。複雑に入れ子になっているがゆえ、CSS修正の影響も読み辛い。

　CSSを書いていれば、単一のdivだと表現できないから、2重3重にdivを重ねたりすることもあったりするわけで、そもそもHTMLは要素が入れ子になりがちなのである。そこにCSS設計的な入れ子の概念が加わってくるわけで、その複雑さには気を付けてしかるべきである。

　やりすぎた入れ子は、メンテナンスのコストを増大させてしまうことがあることに気を付けたい。

第23回

入れ子Blockにすべきか否か

　こんな風に、一つのUIをHTMLとCSSで書くにも、Blockを入れ子にしたりしなかったりできるわけだが、どういうケースで入れ子Blockにすべきかという判断は、なかなか一概に言えるものではない。

　先程メリットで例に挙げた、枠組みの中にグラフやフォームなんかが入るという画面の例は、入れ子Blockにしてしかるべきパターンだと筆者は思う。

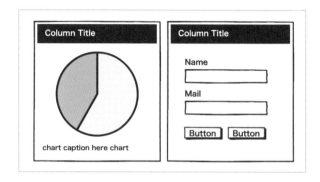

　確かにあのような場合、箱ごとBlockにしてしまうと、CSS的に重複が多くなり、無駄に感じられてきそうだ。枠組みで囲って情報を整理するのが、Webサイト全体で統一されたUIのルールみたいな事情があるのであれば、枠と中身を分ける入れ子Blockによる設計は、うまくマッチしていると言えるだろう。

　これが、内容のバリエーションがほとんどない場合、Blockを入れ子にする必要性はかなり低い。デメリットで挙げた、中身を全部別のBlockとして考えたmedia-blockの例について言えば、本当になんでも入るようにしておく必要があるのか？ というところを事前に考えるべきだろう。

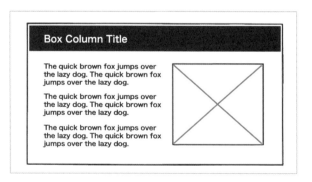

　設計の美しさみたいなところばかりに目を奪われてしまうと、何でも許容できるようにしておきたくなってしまうが、実際にこういう風に何でも入るようにしておいたところで、そんなに色々入るのだろうか。デザイン時には何でも入れられるようにしたいと思っても、実際に画面を作り出したら、ほとんどただの段落とリストしかいれる必要がなかったみたいなことを、筆者はよく経験してきた。前回紹介したECCS的な考え方に倣い、ある程度のコード重複であれば割り切って、別のBlockにした方がよい場合も多々ある。

Blockを入れ子にすることで得られることはあるが、少なくとも1段階、複雑さが増すということは頭に入れておかなければならない。コンテンツやUIの設計と相談しつつ、入れ子Blockにすべきかどうか判断することをオススメしたい。

入れ子Blockにする・しないケースの例

そんな風に、筆者としては慎重に採用を決定することをオススメしたいBlockの入れ子であるが、それを採用すべき、採用しないようにすべき例として3つほど例を考えたのでそれを紹介する。

例1：ボタン

まず1つ目はボタン。これは入れ子にして使って問題ないものと筆者は考える。

粒度が小さいBlockであるが故に、入れ子にして使いやすい。例えばこのようなBlockがあったとする。

これを一つのBlockであると考えれば、BEM的にHTMLを書くと、例えば以下のようになる。

```
<section class="recommend-block">
  <h2 class="recommend-block__title">Google Chrome</h2>
  <p class="recommend-block__text">Googleが開発したクロス……</p>
  <a class="recommend-block__nav" href="#">詳細はこちら</a>
</section>
```

ここで、この「詳細はこちら」というボタン、他のUIの中でも登場するのであれば、これを単独のBlockとして考えるということもできる。こんな感じに。

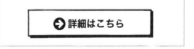

```
<a class="button-primary" href="#">詳細はこちら</a>
```

そして、以下のように入れ子にして使うのだ。

```
<section class="recommend-block">
  <h2 class="recommend-block__title">Google Chrome</h2>
  <p class="recommend-block__text">すごいブラウザです</p>
  <div class="recommend-block__nav">
    <a class="button-primary" href="#">詳細はこちら</a>
  </div>
</section>
```

　筆者としては、このボタンのように、HTMLの構造的に単純なもの、粒度の小さいまとまりであれば、積極的に単独のBlockとして考えたほうが、効率がよいことが多いと考えている。

　Blockを入れ子にすることのデメリットとして挙げたのは、コードが複雑になってしまうということだった。このボタンのように単独の要素で表現できるようなUIであれば、Blockが入れ子になっていることに対する複雑さはかなり低いと言える。

　それに、このボタンのような要素は、Webサイト全体で見栄えを統一しておくことが多い。それぞれのBlockの中にボタンのコードが書かれ、少しずつ高さや色が違ってしまったりするのは、大抵の場合望ましい状態とは言えないだろう。ボタンを独立したBlockとして考えれば、そのような不整合は起こりづらい。

　総じて、このように単純な構造のUIは、Blockの入れ子にして使うことで得られるメリットの方が大きいケースが多いと思われる。

　第17回「スタイルガイドのススメ」で紹介したGitHubのデザインシステム、Primerを見ると、「Default button」「Primary button」「Danger button」というボタンがあり、それぞれ別の機能を表現していることが示されている。

Primer CSS: Buttons
https://primer.style/css/components/buttons

Default Button	Button button	Link button
Primary Button	Primary button	Small primary button
Danger Button	Danger button	Small danger button

基本的なボタン、画面の主要なアクションを起こすボタン、やり直しのきかない危険なアクションを起こすボタンという具合である。GitHubを使っていると、様々な画面でこのボタンを見かける。デザインとコードの一貫性を感じることができるのではないだろうか。

　こんな風にボタンの見栄えを統一したいとき、ボタンを単独のBlockにしてしまうのは悪くない。

例2：WYSIWYG

　2つ目はWYSIWYG。これも、単独のBlockとして考えたほうが効率がよいケースが多いと筆者は考える。

　まずはWYSIWYGとは何ぞやということに軽く触れておこう。
　例えばTinyMCEというライブラリがある。このライブラリを使うと、ブラウザ上で、以下のような入力用のUIを表示させることができる。

TinyMCE
https://www.tiny.cloud

　画面上部のボタンを操作すれば、入力したテキストに対して見出しやらリストやらを設定し、その場で見た目を確認できるのだ。こんな風に入力するだけで、ちゃんとh2、ul、li、pでマークアップされたテキストを作成することができる。

```
<h2>買い物リスト</h2>
<ul>
  <li>にんじん</li>
  <li>トマト</li>
  <li>玉ねぎ</li>
</ul>
<p>彼は背後にひそかな足音を聞いた……</p>
```

　このような仕組みはWYSIWYG（What You See Is What You Getの略）と呼ばれ、直接HTMLを書かずとも、ある程度の複雑さを持ったコンテンツを作れるため、多くのCMSで採用されている。そのため、仕事でWYSIWYGで作られたデータをどうこうする機会は多い。

　このWYSIWYGを採用する場合にポイントとなるのは、WYSIWYGにより作られたHTMLに対して、何かしらclass属性を指定したりすることは、基本的にできないということである。BEM的には、それぞれの要素にクラスを付けたりしたいところであるが、それができない。

　このようなケースでは、以下のように、WYSIWYGで入力されたコンテンツを包括するBlockを作ってしまうのがシンプルである。

```
<div class="richtext-block">
  <h2>買い物リスト</h2>
  <ul>
    <li>にんじん</li>
    <li>トマト</li>
    <li>玉ねぎ</li>
  </ul>
  <p>彼は背後にひそかな足音を聞いた……</p>
</div>
```

　BEMを過信してしまうと、WYSIWYGで作られたHTMLにクラスを指定できないことに悩んでしまうかもしれないが、ここは諦めて、以下のようにBlock名起点のクラスセレクタでスタイルを当てていくのが素直だろう。

```
.richtext-block h3 { ... }
.richtext-block p { ... }
.richtext-block ul { ... }
.richtext-block ul li { ... }
```

このWYSIWYGで入力できる箇所で、見栄えに差をつけないので済むのであれば、このBlockを流用するのが楽だと思う。

それに、WYSIWYGで入力されたHTMLには、そこそこ多様な要素が登場するので、それらにスタイルを当てていくと、それなりの量のCSSになる。一つのBlockの中に、WYSIWYGのためのルールと、それ以外の要素に対するルールが混ざっていると、一つのBlockのコード量がだいぶ増えてしまうかもしれない。

こんな風にWYSIWYGで入力させるケースで最も多いと想像されるのが、ブログ的な仕組みの中で、記事の内容の入力をさせる場合だろう。そんなときは、メイン部分のレイアウトを担うBlockを作った上で、WYSIWYGで入力する箇所へ、このrichtext-blockを突っ込んで使うという具合だ。

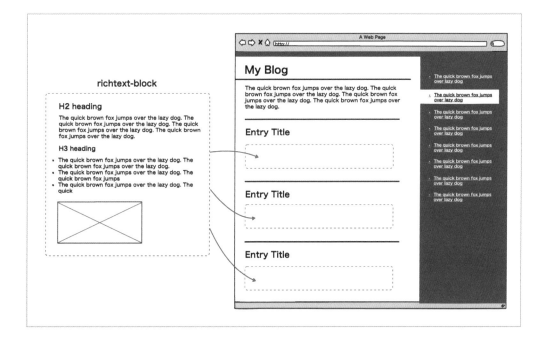

ブログであれば、トップページ、カテゴリごとの一覧ページ、記事詳細ページのいずれにおいても、このrichtext-blockを使い回せるのではないかと思う。そういう風にWYSIWYGで入力して作る単位を一つのBlockとして考えると、CSS設計的にもわかりやすい構造を作ることができるかもしれない。

例3：レイアウト

　3つ目はレイアウト。これは第9回「SMACSS：Layoutルール」で紹介した考え方である。

　以下のようなUIがあった場合、これを一つのBlockではなく「枠組み」部分をレイアウトと考え、中に別のBlockを入れるように考えることができると紹介した。

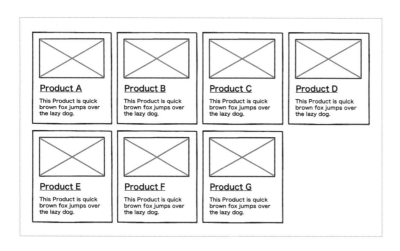

```
<ul class="layout-grid">
  <li class="layout-grid__item">
    <div class="product-nav-set">
      <img class="product-nav-set__img" />
      <a class="product-nav-set__title" href="/path/to/item">Product A</a>
      <span class="product-nav-set__note">This product is...</span>
    </div>
  </li>
  <li class="layout-grid__item">
    <div class="product-nav-set">
      <img class="product-nav-set__img" />
      <a class="product-nav-set__title" href="/path/to/item">Product A</a>
      <span class="product-nav-set__note">This product is...</span>
    </div>
  </li>
  ...
</ul>
```

　このように枠組み部分を別のBlockとして考えることについてのメリット、デメリットについては、「SMACSS：Layoutルール」の回で紹介した通りなのだが、ここで改めて補足しておくと、やはり細かいレイアウトをBlockとして切り出すのは、だいぶ複雑なので要注意ということである。

例1で挙げたボタンはほとんど単独の要素であり、例2で挙げたWYSIWYGについては中に色々とHTMLが入るものの、その中に入るコードは決まっている。それに対し、ここで例に挙げたlayout-gridは、中に他のBlockを入れて柔軟に使えますという想定である。

　中に他のBlockを入れて使えるという意味では、今回始めに紹介したbox-columnも同じ性質を持つと言えるが、box-columnの場合は、囲みを表現するUIで見た目があるのに対し、layout-gridは、グリッドの上に中のBlockを配置するといっ、言ってみれば透明なBlockである。

　このような様々な観点から言って、レイアウトだけを担うBlockというのは、だいぶ複雑な性質のBlockだと筆者は考える。

　また、今やレスポンシブレイアウトが主流なので、ただ単に4カラムのレイアウトを組めばいいというわけではなくなってきている。それゆえ、レイアウトだけを担うBlockというのは、その名前付けが難しいことがある。

　例えば、以下の2つのレイアウト用Blockがあると想像してほしい。
- ウィンドウ幅が広いときは4カラム、狭いときは2カラム
- ウィンドウ幅が広いときは4カラム、狭いときは1カラム

第23回

これらについてそれぞれ何と名前をつけたらよいのだろうか？

● `layout-narrow-2col-wide-4col`
● `layout-narrow-1col-wide-4col`

とでもしようかと今筆者は考えたが、このような名前のBlockがたくさん登場してくると、なかなかに複雑な設計だと感じられてくるかもしれない。「この場合だとModifierで実装したらいいのでは？」と思われるかもしれないが、それはそれで複雑である。

　このようなBlockを作ったほうが効率がよいというケースは多くあると思うが、筆者としては、あとから見たときに辛くならないように、できればproduct-listなどの具体的なBlockとして作ってしまいたい。

　こういったレイアウト用途専用のBlockを作るのは絶対にやめたほうがいいと言うわけではないが、それをどのくらい使うのかを考えながら設計することをオススメしたい。このような透明な枠組みだけのBlockがコンポーネント一覧に大量に並んでいるのは、あとから見たときになかなか辛いものがある。

　今回はBlockの入れ子について解説した。

　Blockを入れ子にするべきか否かは、唯一正解と言える基準はなく、設計者次第である。効率よくコードを設計できる側面があるが、複雑さをもたらす存在でもあるので、UIの設計と相談しつつ採用を検討するのがよいと筆者は考える。

ユーティリティファースト

ここまでずっと書いてきたCSS設計の話であるが、基本的に、画面を構成する要素をBlockという単位で分解し、このBlockを並べて画面を作るという、コンポーネントベースの考えを元に書いてきた。
今回はユーティリティファーストという考え方を紹介する。このユーティリティファーストという考え方は、今まで紹介してきたコンポーネントベースの設計とは一線を画す考え方である。

ユーティリティファーストの考え方

まずは、ユーティリティファーストの考え方の基本的な部分について解説する。

本書では第11回「ユーティリティクラス」で、ユーティリティクラスというものが何なのかを解説した。それは、以下のようなクラスを用意し、どこでも使ってOKな万能Modifierとして使うというようなものであった。

```
.align-left { text-align: left; }
.align-center { text-align: center; }
.align-right { text-align: right; }
.align-top { vertical-align: top; }
.align-middle { vertical-align: middle; }
.align-bottom { vertical-align: bottom; }
.mb-1 { margin-bottom: 1rem; }
.mb-2 { margin-bottom: 2rem; }
.mb-3 { margin-bottom: 3rem; }
```

このユーティリティクラスというのは、汎用的にどこでも使えるものの、BEM的な設計から外れる存在なので、あまり多用しないことを勧めると書いた。

しかし、ユーティリティファーストの考え方に倣えば、まずはこれらユーティリティクラスを大量に用意する。color、font-sizeやline-height、width、height、displayやfloatやらを制御するためのものまで、たくさん。そして、なんとこれらだけを使ってHTMLを組み立てるのだ。

ユーティリティファーストの設計指針に倣えば、これらのユーティリティクラス群は、作ったBlockに

ちょっと変化を与えるために使うものではなく、CSS設計の骨組みとして機能させるよう役割を与えられた存在なのである。

ユーティリティクラスだけを使ったコードの例

ユーティリティクラスだけを使ってコードを書くとどうなるのか。例を挙げて紹介してみよう。

このUIは、例えば以下のようなHTMLで表現する。

```
<div class="bg-gray-600 p-12">
  <div class="flex bg-white rounded-lg p-6 mb-6 shadow">
    <img class="h-24 w-24 rounded-full mx-0 mr-6" src="john.jpg" />
    <div class="text-left">
      <h2 class="text-lg">John Doe</h2>
      <div class="text-purple-500">Product Engineer</div>
      <div class="text-gray-600">john.doe@example.com</div>
      <div class="text-gray-600">(555) 765-4321</div>
    </div>
  </div>
</div>
```

このHTMLを見ると、細かいクラスがそれぞれの要素にいくつも指定されているのがわかるだろう。このHTMLに対し、以下のようなCSSを用意する。

```
/* 文字サイズ関連 */
.text-lg { font-size: 1.125rem; line-height: 1.75rem; }
/* 寄せ位置 */
.text-left { text-align: left; }
/* 色 */
.text-purple-500 { color: rgba(139, 92, 246, 1); }
.bg-gray-600 { background-color: rgba(75, 85, 99, 1); }
.bg-white { background-color: rgba(255, 255, 255, 1); }
```

```
/* display関連 */
.flex { display: flex; }

/* 幅・高さ */
.h-24 { height: 6rem; }
.w-24 { width: 6rem; }

/* margin, padding */
.mb-6 { margin-bottom: 1.5rem; }
.mr-6 { margin-right: 1.5rem; }
.mx-0 { margin-left: 0; margin-right: 0; }
.p-12 { padding: 3rem; }
.p-6 { padding: 1.5rem; }

/* 角丸 */
.rounded-full { border-radius: 9999px; }
.rounded-lg { border-radius: 0.5rem; }

/* 影 */
.shadow {
  box-shadow: 0 1px 3px 0 rgba(0, 0, 0, 0.1),
    0 1px 2px 0 rgba(0, 0, 0, 0.06);
}
```

「HTMLに対し、CSSを用意する」というのは正確には正しくない。むしろCSSの方を先に用意しておく。HTMLを組み立てていく中で、その要素に対してどのようなスタイルを当てるかを考え、そのスタイルを担うクラスを指定していく。出来上がるUIが絵なら、絵の具のような存在がユーティリティクラスというようなイメージである。

　今まで解説してきた内容からすると、「え？　そんなのアリなの？」と思われるかもしれないが、これがユーティリティファーストと呼ばれる設計方法である。

ユーティリティファーストの特徴

こんな風にユーティリティファーストで設計するとどのようなことが起こるのか。

CSSを書かずに画面を作っていける

　まず、ユーティリティファーストの考えに沿って実装を進めれば、最初にユーティリティクラス群を用意する必要はあるものの、その後はCSSをほとんど書かずに画面を作っていけるようになる。
　先程紹介した例のようなユーティリティクラスを用意するのは大変だと想像されるかもしれないが、これはTailwind CSSやAtomic CSSというフレームワークを使うことで解決できる。

tailwindcss.com

Tailwind CSS

https://tailwindcss.com/

Atomic CSS

https://acss.io/

　筆者はTailwind CSSの方しか使ったことがないが、Tailwind CSSを使うと、汎用的なユーティリティクラス一式が一通り準備された状態を作ることができる。先程の例に挙げたサンプルは、実はすべてTailwind CSSが最初から用意しているクラスだけでできている。おおよそ普段書くCSSの8割以上はここでカバーできるものと考えておいてよい。そこにさらに自身でコンフィグを書くことで、柔軟にユーティリティクラスを追加、管理することもできる。

　HTMLを書いていく際、用意されているユーティリティクラスをひたすらHTMLの各要素へ指定していくだけなので、CSSを追加しなければならないのは、何かしら用意したユーティリティクラスで足りない物があったときだけになる。

ユーティリティクラスを頭に入れないとならない

そんな風にフレームワークを使えばユーティリティクラスを用意してくれるものの、用意されたユーティリティクラスの数は膨大である。初めに用意したクラスを一通り頭に入れないとならず、その学習コストはある程度必要になる。

この問題を解消するため、Tailwind CSSは、Visual Studio Code用の拡張機能を用意している。この拡張機能をインストールすると、クラス名を入力しようとすると、その候補を列挙し、コードの補完をしてくれる。この拡張機能を入れておけば、ある程度クラス名を覚えているだけでよくなるので、比較的楽に実装が進められる。

以下は、その拡張機能を入れてコードを書いている状態のスクリーンショットだ。class属性を入力しようとすると、候補が列挙される。

詳細度やスタイルの競合に悩まされなくなる

ユーティリティファーストで設計していれば、詳細度やスタイルの競合に悩むことはほとんどなくなる。

ユーティリティクラスというのは、例で挙げたように、一つのクラスセレクタに対し、1つか2つの、ごくシンプルなスタイルを割り当てたものである。それゆえ、そのルールの詳細度はほぼすべて同一になる。

すべての画面がユーティリティファーストの思想で作られているのであれば、どこか知らないところに書かれているセレクタから影響を受けて、突然枠線が付いたり、背景色がついたりするようなことはほぼなくなる。自分の知らないところで定義されているCSSのルールにより、なぜか背景が灰色になってしまう……みたいなケースに対応するため、!importantを付けて上書きし合うというような状況も起こりづらい。

そもそも、それぞれのユーティリティクラスには、そんなにたくさんのスタイルを割り当てたりしないので、ユーティリティクラス同士でスタイルが競合する可能性が低いのだ。

CSS設計において名前を考えなくて良くなる

本書では、ここまでずっと、BEMをベースに解説してきた。その中で、BlockやElementについて、逐一名前を付けてきたし、その名前の付け方についても色々と解説してきたわけだが、ユーティリティファーストで設計する以上は、この名前について、HTMLとCSSを書く段階においては考える必要がほぼなくなる。

このElementをphotoにしようか、それともmediaにしようか……そんな悩みに時間を食われると思うが、ユーティリティファーストで設計する場合、例に挙げたように、flex bg-white rounded-lg p-6 mb-6 shadowのように、ひたすら用意されたユーティリティクラスをclass属性へ割り当てていくだけだからである。

紹介したサンプルコードでは、純粋にスタイルを当てるためだけのクラスしか登場していないことに注目していただきたい。

HTMLとCSSでコンポーネント化しない

こんな風に紹介すると、いいことばかりのように聞こえるだろうか。
「いやいやちょっと待って。じゃあ今までこの本に書かれていたBEMとかは何だったの？」と感じられるのではないだろうか。その疑問は至極妥当である。

だって、色々自由に書いていくとうまくいかないから、BEMみたいなコンポーネントによる設計を採用しようとここまで解説してきたのだ。それなのに、ユーティリティファーストの設計はまるで直接style属性で見栄えを定義しているのに近いではないか。

ユーティリティファーストの設計では、コンポーネントという概念を取り入れないのだろうか。何かしら良いアイデアがあるんだろうと期待されるかもしれないが、なんと、ユーティリティファーストの設計においては、HTMLとCSSを書く段階において、BEMのようなコンポーネント化をほぼ行わないことをポリシーとする。

この結果、あからさまなデメリットが発生する。HTML上で重複がたくさん発生することである。

　先程、ユーティリティクラスだけで書いたコードの例を紹介した。あのUI、8個並べたかったらどうすればよいのか？

　どうということはない、8回同じ、ユーティリティクラスだらけのHTMLを繰り返すだけである。

　このコードを8回繰り返すとなれば、当然のことながら、少しスタイルを変えたい場合でも、8箇所すべてを修正しなければならないわけだ。背景の白をオレンジに変えたかったらbg-whiteというクラスをbg-orangeに変えたりする必要がある。これが100画面に存在していたらどうだろう、100画面分のHTMLを編集しなければならない。

　これは、普通にCSSを書いてきた人にとって、素直には受け入れ難いところだと感じられるのではないだろうか。

Tailwind CSSの考えるコンポーネント

　ここまで読んだ時点で、「そういう考えもあるのか、でも私にはこれは向かないな」と感じられる方が大半であろうと思われる。ちょっとしたスタイルの変更を行うために何百とあるHTMLを修正して回るのは、現実的ではない。BEMならこの問題は容易に回避できるし、それと比べたら非効率もいいところである。

　しかし、ユーティリティファーストは、コンポーネント化を考えていないわけではない。ここからは、Tailwind CSSの考えるコンポーネント化のアプローチについて解説していく。

HTMLとCSSの外側でコンポーネント化する

　Tailwind CSSでは、まずユーティリティクラスを使ってHTMLを書き、そこで繰り返されたりなど、何度も必要になるパターンが登場したら、そこで初めてコンポーネント化をするというフローを推奨している。

- まず「ユーティリティクラスだけで書く」
- そして「後から（必要なら）コンポーネント化する」

である。これはBEM的なアプローチとは正反対である。

　なるほど？ それなら、まずはユーティリティクラスで書いた上で、後からBEMのような書き方に直すのかな？ と思われるかもしれないが、そういうわけではない。Tailwind CSSの勧めるユーティリティクラスという設計においては、HTMLとCSSのレイヤーでコンポーネントらしきものを作る、BEMのような設計をよい考えではないと考えている。

　Tailwind CSSは、そういうコンポーネント化はHTMLとCSSの外側で行うことを勧めている。そのためには、React、Vue.jsなどのコンポーネント指向のJavaScriptライブラリであったり、何かしらのテンプレートエンジンやCMSを使うことになる。

　ReactやVue.jsについては深く突っ込んで解説はしないが、大体こういう感じでできるという例として、サンプルとして挙げたコードを、Reactを使ってコンポーネントにした例を紹介しよう。

Reactのコンポーネント

Reactを使うと、先程のTailwind CSSで書かれたカード状のUIを、以下のように表現することができる。

```
const MemberCard = ({ person }) => (
  <div className="flex bg-white rounded-lg p-6 mb-6 shadow">
    <img className="h-24 w-24 rounded-full mx-0 mr-6" src={person.img} />
    <div className="text-left">
      <h2 className="text-lg">{person.name}</h2>
      <div className="text-purple-500">{person.job}</div>
      <div className="text-gray-600">{person.email}</div>
      <div className="text-gray-600">{person.tel}</div>
    </div>
  </div>
)
```

これで、`MemberCard`という名前のコンポーネントを定義したことになる。

このコード、初めて見る方にとっては不思議に見えるかもしれないが、Reactのコンポーネントというのは、JavaScriptとXMLが混ざりあったような、JSXという形式のフォーマットで記述される。

この`MemberCard`コンポーネントは、データを受け取り、その内容をコード内に記述された`{person.name}`とか`{person.job}`などと書かれた箇所に入れ込み、これが最終的にブラウザが処理するHTMLになる。

コンポーネントにデータを渡して描画する

このコンポーネントを使って画面を作るにはどうすればよいのか。
そのためには、HTMLへは以下のように、Reactの書き出すHTMLの受け皿を作ってやる。

```
<div id="root"></div>
```

そして、3人分のデータを表現するオブジェクトを作り、この`MemberCard`に渡してやるのだ。

具体的には以下のように書く。

```
const App = () => {
  const John = {
    name: "John Doe",
    img: "john.jpg",
```

```
    job: "Product Engineer",
    email: "john.doe@example.com",
    tel: "(555) 765-4321",
  };
  const Taro = {
    name: "Taro Yamada",
    img: "taro.jpg",
    job: "Senior Engineer",
    email: "taro.yamada@example.com",
    tel: "(555) 222-3333",
  };
  const Mio = {
    name: "Mio Suzuki",
    img: "mio.jpg",
    job: "Designer",
    email: "mio.suzuki@example.com",
    tel: "(555) 333-4444",
  }
  return (
    <div className="bg-gray-600 p-12">
      <MemberCard person={John} />
      <MemberCard person={Taro} />
      <MemberCard person={Mio} />
    </div>
  )
}
ReactDOM.render(<App />, document.getElementById("root"));
```

　すると、画面へは、このように3つのカードが描画される。

　Reactについてここで詳しく解説するにはページ数が足りないので、ここでは、なんとなくこういう風に書くことができるというのを感じていただければ十分である。

　MemberCardコンポーネントを作り、それを3回使ったのである。

Reactでコンポーネント化する利点

ここでポイントとなるのは、描画されたのは3つのUIであるが、MemberCardコンポーネントの定義は一度だけであり、ユーティリティクラスだらけのHTMLは一度しか書いていないという点である。

このようにReactを使ってUIをコンポーネント化すれば、スタイルの変更があった場合でも、コンポーネントを定義している部分のコード変更だけで済む。するとどうだろう、100画面あろうとも、このコンポーネントの定義部分を変更すればそれで済むわけだ。

これで、このUIが何度も登場した場合、スタイルの変更が大変という問題は解決された。解決されたどころか、HTMLの構造も自由に変更できるため、BEMよりはるかに柔軟である。

これと似たようなことは、同様にコンポーネント化を行えるVue.jsなどのライブラリを用いても可能である。また、何かしらのCMSに組み込む場合、HTMLを細かく断片化して管理することができれば、ほとんど同じように問題を解決することができる。

BEMのようなアプローチは、HTMLとCSSをまとめて一つのコンポーネントとして扱いたいが、そのような仕組みは存在しないので、クラス名をトリガーにして、疑似的にコンポーネントを作り出しているようなものなのだ。

しかし、ReactやVue.jsと言ったコンポーネント指向のライブラリが台頭してきたことで、HTML＋CSSより上位レイヤーでこのコンポーネント化を行うことができるようになった。この構成においては、HTMLとCSSを書く段階では、一切要素に名前をつけないで実装が成り立っているという点に注目していただきたい。

MemberCardという変数にコンポーネントを入れているが、これをプロジェクト全体で共有して使うか否かは、HTMLとCSSの設計の上位層で設計することになる。この世界では、HTMLとCSSのレイヤーでそのような設計をする必要がなくなっている。

まずはじめにユーティリティクラスで書く。そして、コンポーネントにするとかしないとかは後で考える。これが、Tailwind CSSがユーティリティ「ファースト」と呼んでいる所以である。

ReactやVue.jsを使わなければならないのか

なるほど、ReactやVue.jsを使い、コンポーネント化をすることの利点はわかった。だったらユーティリティファーストでコードを書くには、ReactやVue.js、もしくは何らかのCMSを使うことが前提となってしまうのだろうか。

筆者としては、概ねそういう前提で考えたほうがよいだろうと考えている。もちろん、そのようなコンポーネント指向のライブラリを使わなくてもコードは書ける。しかしその場合、100箇所にそのUI

が登場したら、100回コードをコピーしなければならないという問題は避けられない。CSSを書かなくても画面を作っていけるというメリットは得られるものの、このデメリットは相当に大きいものだ。端的に言えば、手書きでガリガリHTMLを作っていくような状況では、ユーティリティファーストで設計することはいい考えとは言えないと言ってしまってよいだろう。

　ReactやVue.jsはJavaScriptのライブラリである。自分の作っているのはWebアプリケーションではないので、ReactやVue.jsを使わないし、何かしらCMSを使うわけでもないので、やはり自分にユーティリティファーストは無縁と感じられる読者もおられるだろうと思う。

　しかし最近では、Next.js、Nuxt.js、Gatsbyなど、ReactやVue.jsを使って静的にHTMLを書き出すソフトウェアが登場し、これらを使って画面を作ることが、Web開発の方法の一つとして広がりつつある。普通にReactやVue.jsを使う場合、ブラウザ上で動くアプリケーションを想定するが、あらかじめReactやVue.jsで処理した結果のHTMLを画面の数だけ作ってしまい、それをWebサーバーへアップロードし、公開するという実装方法である。

Next.js
https://nextjs.org/

Nuxt.js
https://nuxtjs.org/

Gatsby
https://www.gatsbyjs.com/

　そのような手法を用いることで、Webアプリケーションだけではなく、静的に画面を作るようなケースであっても、ReactやVue.jsのコンポーネントを利用することができる。

　要求される技術は増えるものの、これによりユーティリティファーストの設計を行えるようになるだけでなく、パフォーマンスのチューニングなど様々な施策が可能になるので、興味があれば是非調べてみることをおすすめする。筆者としては、このような技術を選んで使えることは、HTMLとCSSを書く技術者にとっては、HTMLとCSSを書けるようになった先にあるステップだと考えている。CSS設計はHTMLとCSSだけで成り立つわけではないという感じである。

より粒度の細かい抽象化

ここまで、BEMでやってきたようなコンポーネント化を、ユーティリティファーストではどう考えるのかという点を解説してきた。BEMでBlockと呼んでいた塊は、例えばReactではコンポーネントという形で表現される。BEMでは、UIのまとまりをBlockという概念で抽象化した。Reactではそれをコンポーネントという概念で抽象化したといってもよいと思う。

UIのまとまりを表現する方法が異なるのだと言えるだろうが、ユーティリティクラスを用いると、これとは別のレイヤーで抽象化を行うことができる。それは、BlockやElementよりも小さい単位での抽象化である。

例えば、余白について。本書でも余白について色々と書いてきたが、その中で、余白のパターンを決めるとよいという旨の話を書いた。BlockとBlockの間は20pxにするとか、意味の区切りを持たせたいときは30pxにするとか、関連性が高い場合は10pxにするとか。その場合の余白をSだとかMだとか決めて設計するとよいという話である。

ユーティリティファーストな設計にするのであれば、このような場合、例えば以下のようなクラスを用意するとよい。

```
/* 余白関連 */
.bottom-spacing-s { margin-bottom: 20px; }
.bottom-spacing-m { margin-bottom: 30px; }
.bottom-spacing-l { margin-bottom: 40px; }
```

UIの統一性を考慮すると、テキストのサイズ、色、角丸の丸め具合などについても、サイト内でバリエーションを決めて組みたい。

そんな場合は以下のようなクラスを用意する。

```
/* 文字サイズ関連 */
.text-s { font-size: 0.8rem; line-hgith: 1.6; } /* 小 */
.text-m { font-size: 1rem; line-hgith: 1.8; } /* 中 */
.text-l { font-size: 1.3rem; line-hgith: 1.5; } /* 大 */
.text-xl { font-size: 1.8rem; line-hgith: 1.5; } /* 特大 */

/* 色 */
.color-text-primary { color: #222; } /* メイン */
.color-text-sub { color: #666; } /* サブ */
.color-text-alert { color: #f00; } /* 警告 */

/* 角丸 */
.rounded-m { border-radius: 4px; } /* 中 */
.rounded-l { border-radius: 8px; } /* 大 */
.rounded-xl { border-radius: 12px; } /* 特大 */
```

好き勝手にユーティリティクラスを指定するだけでは、画面ごとに見た目がバラバラになってしまうだろうが、このクラス群を使って画面を作っていくことで、デザインルールが統一された状態を保つことができる。

　このように、デザインルールをユーティリティクラスで表現し、それを元に画面を作っていけば、単純にスタイル属性で見栄えを定義する以上の役割をユーティリティクラスに持たせることができる。BEMのようなコンポーネント化した場合とは別の方法ではあるが、100画面あっても一気に変更を反映することもまぁ可能と言えば可能だ。
　そのような実装を実現するには、デザインとしてしっかりした設計が事前に必要であり、難易度が高い。ただ、そこまでできるとかなり理想の設計になっていると筆者は思う。

　これと似たようなことは、BEMの設計を主軸とした場合は、Sassのmixinや変数を使って実現することになるだろう。Sassに求めていた機能性は、ある程度ユーティリティクラスに置き換えて考えることができるとも言える。

ユーティリティファーストの設計を導入すべきか否か

　そんな風にユーティリティクラスを使って設計するのが、ユーティリティファーストな考え方なのだが、この方法でサイトを作っていくこと自体はそんなに難しいことではない。

　ここまでで紹介したように、Tailwind CSSであれば、エディタの拡張機能が用意されていたり、ドキュメントが充実していたりなど、サポートもなかなか手厚い部分があるし、やることとしてはHTML的には用意されたクラスを指定するだけなので、何か特別難しい技術を覚えなければならないというものでもない。

　しかしながら、実際のプロジェクトでこの方法を採用するか否かには、判断が必要とされる部分だと筆者は考える。

実装の要件は適切か

　まず、実装の要件として、ユーティリティファーストで設計するのが適切かという判断が必要だろう。ユーティリティファーストいいなーと思って安易に選択すると大変なことになりえる。

　例えば、ただHTMLとCSSを手書きして大量の画面を作るようなケース。これについては先程も少し触れたが何百ページもあるコーポレートサイトを作るが、取り立ててCMSを導入したり、先述したReactやVue.jsベースで作るわけでもないようなケースを想像してもらいたい。この場合にユーティリティファーストの設計を行うのはなかなか厳しいだろうと筆者は考える。

ここまでで紹介したReactやVue.js、もしくは何かしらのCMSなど、コードをコンポーネント化する仕組みがない状態だと、ユーティリティクラスだらけのHTMLを何度も置換したりすることになるはずである。これがいかに大変かは想像に難くない。例えBEM的に書いていたって、CSSだけを直してUIの調整が完了しないことはよくある。そういう場合、何百ページもあるようなプロジェクトでは、置換したり、直して回るのである。ユーティリティクラスだらけのHTMLでそれをやろうとすれば、タブや改行の違い、クラスの順序違いなどで、もはや探すことすらできなくなる可能性は高い。

　逆に、コンポーネント的な管理がHTML+CSSの外側でできる場合、設計の能力は求められるものの、この懸念を払拭できるため、ユーティリティファーストという考え方は、比較的選択しやすい設計手法かと思われる。

適切にデザインが設計されているか

　ユーティリティファーストの設計をいかに綺麗に実現できるかは、その前提でデザインが成されているかにも大きく起因してくるように思う。

　前項「より粒度の細かい抽象化」で書いたような、デザインのルールをCSS設計に持ち込むには、デザインする時点でこれが考慮されていなければ成り立たない。文字サイズのバリエーションや余白のパターン、色の種類を、完全でなくてもよいので、コードを書く前に考えておかねばならない。

　必ずしもこれが固まっていなくてもよい。ただ、その場合は、Tailwind CSSが用意した汎用的なクラスだけで構成されることになり、一つ一つUIを手作りしているのと近い形になる。ここで、UIのルールを落とし込んだユーティリティクラス群を中心とすることができれば、設計の一貫性を担保することができ、開発効率も上げることができるだろう。

　デザインってそういうものでしょ？　それが設計でしょ？と感じるデザイナーであれば、ユーティリティファーストで設計することができるだろう。逆に、画面をただの一枚の絵と捉えているデザイナーにとっては、考えを改めてもらわないと、ユーティリティファーストで綺麗に設計するのに困難が伴うはずである。

●

　今回はユーティリティファーストという考え方について紹介した。

　ユーティリティクラスという考え方は随分昔から存在していたが、その存在はあくまで脇役的な部分に留まり、今回紹介したような、ユーティリティファーストという設計が選択されることは、非常に稀であったはずである。筆者も実務でユーティリティクラスだけで書くという選択をしたことはないし、そのような実装に出会ったこともない。

しかし、最近はReactやVue.jsが採用されるケースが増え、そのような環境の変化により、ユーティリティファーストという設計手法が、現実的に採用可能になったものと筆者は感じている。

第3回で紹介した、The State Of CSSというWebサイトによれば、Tailwind CSSは2020年のアンケート結果で、最もポジティブな評価を得たCSSフレームワークとなっている。

The State of CSS 2020: CSS Frameworks
https://2020.stateofcss.com/en-US/technologies/css-frameworks/

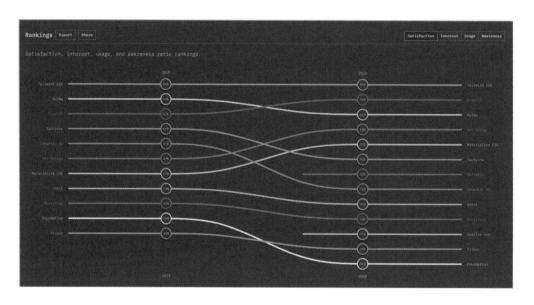

今後どうなるかはわからないが、単に尖った設計手法と捉えるのではなく、今後主流になる可能性がある設計手法であると捉えておいてよいかもしれない。

ちなみに筆者は、何の縛りもなく、自分で好きに書いていいような状況では、ReactとTailwind CSSを使ってユーティリティファーストで書くようにしている。

初めはどういう風にユーティリティクラスを用意したらよいかが悩ましく時間がかかったが、実装が進んでくると、余白や文字のサイズなどを、Webサイト全体でまとめて調整できるので、効率的に実装が進められるように感じる。プロジェクトメンバーの開発スキルと、デザイン力のハードルを超えられそうであれば、積極的に選んでいくとよい方法なのではないだろうか。

おわりに

　本書は「はじめに」に書いたとおり、企画のアイデアが出てから随分時間がかかって
やっと書き終わったものであるが、実は、執筆に本格的に取り掛かった時期から出版ま
でにも2年くらいの時間が経っている。

　その2年の間にも色々と開発のトレンドは変化していて、本書で書いた内容で言えば、
Webアプリケーションにおいては、第24回「ユーティリティーファースト」で書いた、
ReactやVue.jsが使われる割合がかなり高いと感じる。Webアプリケーションではなく、
静的なHTMLで作られるWebサイトにおいても、昔のように手作りで一つずつ作るの
ではなく、これも第24回で少しだけ触れたように、ビルドしてHTMLを作るようなや
り方にシフトしてきているのではないかと感じる。

　そんな中、では今このCSS設計を覚えておけばOK！というのがあるのか？と言われ
ると、ハイではこれで！となにか一つ選べるようなものでもないというのが、またCSS
を書く上で難しいところだと感じる。

　具体的には、ReactやVue.jsでまるっとWebサイトを作ることができるようになった、
それがトレンドになったという事実があったとしても、なお開発の現場の状況は多種多
様であり、自身がプロジェクトに臨むときに取るべきCSS設計は、状況によって判断す
るというのがやはり正解であろうと思われる。

　ここで一つたとえ話をする。海には色々な生き物がいる。大昔にいた古生物は絶滅し
てしまったものの、その頃から存在しているクラゲは、大きく姿を変えないまま、未だ
海でフワフワしている。長い時間が流れ、我々が普段食卓でいただいている魚や貝、進
化の系譜的には末端の方に位置するであろうイルカやクジラなども登場し、これら多種
多様な生物が住んでいるのが今の海であろう。

　CSS設計について言えば、この海に住んでいる生き物と同様、様々な形があり、それ
が混在していると考えてもらえばよいのではないかと筆者は考える。

　例えばクラゲ。これは取り立てて何か考えず、ページごとになんとなくCSSを書いて
成り立っている状態をイメージしてほしい。そんなCSSで大丈夫か？と感じられるだろ
うか。それは正しいが、駅前のお店の、5ページしかないWebサイトであれば別に何ら

問題はない。そして実際にクラゲがたくさん海に生きているように、そのように、チョチョイとCSSを書いて済ませているWebサイトも無数にある。

　サンマやカレイはBEMかもしれない。そのくらいの複雑さを持つ生物だと、クラゲレベルのCSSでは立ち行かなくなってくる。最先端であるイルカやクジラは、例えば第24回で紹介したユーティリティファーストとでもしようか。イルカやクジラレベルになってくると、今やJavaScriptでCSSを制御するような選択肢も多様に存在しているため、これがベストと言い切れるものでもないのがまた難しい。なにはともあれ、そういう新しい設計が採用されることはあるものの、全体の母数からすれば、まだそんなに割合が多いわけではないというのは確かだろう。

　そんな風に、世の中には色々なパターンのプロジェクトが存在し、それぞれで取りうるCSS設計もまた同様に多様なのである。

　筆者は、第24回で紹介したTailwind CSSがかなり気に入っているので、よくTwitterで「Tailwind CSS」でキーワード検索した結果を日々眺めているのだが、このTailwind CSSに対する意見は人それぞれ、多種多様である。これぞ求めていたものだと呟く人もいれば、こんなのはよい設計ではないとか、何がいいのかわからないという呟きもたくさん見かける。

　そういう呟きを見ながらこのような本を書いていて筆者が感じるのは、世の中には、唯一正しい一つのCSS設計方法などというものが存在しているわけではないということだ。この本でも繰り返し書いてきたが、CSSを書くということは、そもそも実装者だけで完結するものではない。デザインやコンテンツの設計と合わせて考えないと、何が正しい？　これがベスト！　これは間違っている！　という迷路をグルグルすることになるであろう。真にそれを相談すべき相手は横にいるデザイナーであり、目を向けるのはプロジェクト自体であるのに。

　この設計が正しいというのは、こういう考えの元にデザインやコンテンツが設計され、それを受けて選択したこの実装方法がハマっていたという、結果でしかない。言ってみれば、この本で挙げた多様なCSS設計の方法は、道具箱に詰められたドライバーや金槌であり、それをどう選んでどう使うかが重要なのであって、それも含めてCSS設計なのであると言えなくもない。

　CSS設計というトピックについて言えば、この原稿を書いている2021年11月時点で

言うと、もはやCSS単体で語られることはほとんどなくなってしまったように筆者には感じられる。先に述べたように、世の中のWebサイトの多くは引き続きBEMで組まれていくのであろうが、CSS設計の最先端ということで言うと、たぶんReactやVue.jsで設計する際に、CSSをどう組み合わせたらハマるのかというのを、HTMLやJavaScriptをどうまとめるかというところまで含めて、色々な方法で皆が模索しているという風に感じる。このあたりがこの先どうなっていくのかは、開発者であれば興味をもって耳を傾け続けるか、自身もコミュニティと一緒になって考え続けていくのがよいであろうと思う。

　読者のみなさんがCSSについて考える際、本書に書いた内容が少しでも役立つことがあれば、筆者としては幸いである。

　ここまでお読みくださりありがとうございました！

INDEX

著者プロフィール

高津戸 壮 (たかつど たけし)

株式会社ピクセルグリッド
テクニカルディレクター

Web制作会社、フリーランスを経て、株式会社ピクセルグリッドに入社。数多くのWebサイト、WebアプリケーションのHTML、CSS、JavaScript実装に携わってきた。受託案件を中心にフロント周りの実装、設計、テクニカルディレクションを行う。スケーラビリティを考慮したHTMLテンプレート設計・実装、JavaScriptを使った込み入ったUIの設計・実装を得意分野とする。
著書に『改訂版 Webデザイナーのための jQuery入門』(技術評論社)。

STAFF

テクニカルレビュー：坂巻 翔大郎、渡辺 由
ブックデザイン：三宮 暁子(Highcolor)
カバー・本文イラスト：まつむらまきお
DTP：AP_Planning
編集：角竹 輝紀

ざっくりつかむ CSS設計

2021年12月25日　初版第1刷発行

著者	高津戸 壮
発行者	滝口 直樹
発行所	株式会社マイナビ出版
	〒101-0003　東京都千代田区一ツ橋2-6-3 一ツ橋ビル 2F
	TEL：0480-38-6872（注文専用ダイヤル）
	TEL：03-3556-2731（販売）
	TEL：03-3556-2736（編集）
	編集問い合わせ先：pc-books@mynavi.jp
	URL：https://book.mynavi.jp
印刷・製本	株式会社ルナテック